FONDAMENTI DI
FISICA

Alessio Mangoni, PhD

©2020 Alessio Mangoni. Tutti i diritti riservati.
ISBN: 9798653531965

DR. ALESSIO MANGONI, PhD

Scienziato e fisico teorico delle particelle, attivo nel campo della fisica delle alte energie e della fisica nucleare, autore di numerosi articoli di ricerca scientifica pubblicati su riviste internazionali, consultabili al link: http://inspirehep.net/author/profile/A.Mangoni.1

https://www.alessiomangoni.it

I edizione, Giugno 2020

Indice

Indice 5

Introduzione 15

I Meccanica quantistica

1   Introduzione 19

2   La funzione d'onda 23

3   L'equazione di Schrödinger 29
3.1 Equazione per particella libera   30
3.2 Equazione generale   35

3.3	L'equazione di continuità	37

4 I pacchetti d'onde ... 41

5 La normalizzazione ... 49

6 Trasformate di Fourier ... 55

6.1	Intervallo di ampiezza 2π	55
6.2	Intervallo di ampiezza L	57
6.3	Intervallo di ampiezza infinita	59
6.4	Spazio delle coordinate e degli impulsi	61

7 Valori medi di osservabili ... 67

8 Gli operatori ... 71

8.1	L'operatore posizione	72
8.2	L'operatore impulso	73
8.3	L'operatore energia	76
8.4	L'operatore momento angolare	78
8.5	Coordinate sferiche	81

9 Le relazioni di commutazione 87

10 Il principio di indeterminazione 93

11 Equazioni agli autovalori 99

11.1 L'operatore posizione   100

11.2 L'operatore impulso   102

11.3 L'operatore $\hat{L}_z$ 105

II Fisica delle particelle

12 Introduzione 111

13 Unità naturali 113

14 Richiami di relatività 115

14.1 Quadrivettori   115

14.2 Trasformazioni di Lorentz   117

14.3 Cinematica relativistica   119

14.4 Massa di un sistema di particelle   121

15 Le particelle 123

15.1 Particelle elementari — 124
15.1.1 I quark 124
15.1.2 I leptoni 124
15.1.3 Modello a quark 125

15.2 Forze elementari — 126

15.3 Gli adroni — 128
15.3.1 I mesoni 129
15.3.2 Il mesone di Yukawa 130
15.3.3 I barioni 132

15.4 I nucleoni — 134

15.5 I raggi cosmici — 135

15.6 Il pione — 136

15.7 Il muone — 137

15.8 Particelle con stranezza — 137
15.8.1 I kaoni 138
15.8.2 Gli iperoni 139

16 Perdita di energia 141

16.1 Perdita di energia per ionizzazione — 141

16.2	Perdita di energia di un elettrone	142
16.3	Perdita di energia di un fotone	143
16.4	Perdita di energia di un adrone	144

17 Numeri quantici e simmetrie 145

17.1	La stranezza S	145
17.2	La parità P	146
17.3	Parità del fotone	147
17.4	Parità di un sistema di due particelle	147
17.5	La coniugazione di carica C	148
17.6	Coniugazione di carica del fotone	148
17.7	Coniugazione di carica del pione	149
17.8	L'inversione temporale T	149
17.9	Teorema CPT	149
17.10	Numero barionico	150
17.11	Numero leptonico	150
17.12	Isospin	151
17.13	Ipercarica	152
17.14	Relazione di Gell-Mann e Nishijima	152

17.15	La G-parità	153
17.16	Elicità	154
17.17	Chiralità	154

18 Scattering e decadimenti 157

18.1	Sistemi di riferimento	157
18.2	Grandezza s	158
18.3	Variabili di Mandelstam	160
18.4	Scattering elastico a due corpi	161
18.5	Regola d'oro di Fermi	165
18.6	Sezione d'urto	166
18.6.1	Diminuzione intensità del fascio	169
18.6.2	Luminosità	171
18.6.3	Sezione d'urto per due corpi	171
18.7	Decadimenti	172

III Fisica teorica

19 Introduzione 177

20 Lagrangiane ed Hamiltoniane ... 179
- 20.1 Lagrangiana in teoria dei campi — 179
- 20.2 Hamiltoniana in teoria dei campi — 181

21 Simmetrie e invarianza di gauge . 183
- 21.1 Simmetrie e leggi di conservazione — 183
- 21.2 Invarianza di gauge — 185

22 Campo di Klein-Gordon ... 191
- 22.1 Equazione di Klein-Gordon — 191
- 22.2 Lagrangiana di Klein-Gordon — 192
- 22.3 Hamiltoniana di Klein-Gordon — 194

23 Campo elettromagnetico ... 195
- 23.1 Equazioni di Maxwell — 195
- 23.2 Invarianza di gauge — 197
- 23.3 Lagrangiana di Maxwell — 199

24 Campo di Dirac ... 203
- 24.1 Equazione di Dirac — 203

24.2	Proprietà matrici γ	204
24.3	Lagrangiana di Dirac	208
24.4	Hamiltoniana di Dirac	209
24.5	Soluzioni libere	211

25 Elettrodinamica quantistica 221

25.1	Lagrangiana di interazione	221
25.2	Hamiltoniana di interazione	224
25.3	Operatori di campo	224
25.4	Matrice S	226

IV Fisica della materia

26 Introduzione 233

27 Diffusione e moto browniano 235

27.1	Introduzione	235
27.2	Relazione di Einstein	235
27.3	Leggi di Fick	239

27.4	Random walker	240
27.5	Equazione di Langevin	242
27.6	Equazione di Fokker-Planck	247
27.7	Equazione di Boltzmann	247

28 Modello di Drude 251

28.1	Introduzione	251
28.2	Conducibilità elettrica	252
28.3	Effetto Hall	254
28.4	Conducibilità termica	256
28.5	Effetto Seebeck	259

29 Modello di Sommerfeld 261

29.1	Trattazione quantistica	261
29.2	Calcolo dell'energia interna	263
29.3	Sviluppo in serie di Sommerfeld	269

30 Proprietà meccaniche dei solidi . 275

30.1	Introduzione	275
30.2	Modulo di Young	276

| 30.3 | Modulo di comprimibilità | 276 |
| 30.4 | Coefficiente di Poisson | 276 |

31 Difetti reticolari 279

31.1	Introduzione	279
31.2	Difetti puntiformi	280
31.3	Centri di colore	283
31.4	Le dislocazioni	284

32 Semiconduttori 287

| 32.1 | Semiconduttori intrinseci | 287 |
| 32.2 | Semiconduttori estrinseci | 290 |

Introduzione

Questo libro si prefigge lo scopo di fornire solide basi per lo studio della fisica in ambito universitario ed è diviso in quattro parti, ciascuna dedicata a una branca fondamentale della fisica: la meccanica quantistica, la fisica teorica, la fisica delle particelle e la fisica della materia. Nella prima parte si inizia con il concetto di funzione d'onda, fino ad arrivare al principio di indeterminazione di Heisenberg. Nella seconda parte, dopo aver richiamato i concetti di base della relatività, si trattano le particelle elementari e gli adroni, fino alle nozioni di scattering e sezione d'urto. Nella terza parte si affronta la fisica teorica, analizzando la teoria dei campi con i concetti di Lagrangiana e Hamiltoniana, fino a introdurre l'elettrodinamica quantistica (QED), passando per i campi di Klein-Gordon, di Dirac e di Maxwell. Nell'ultima parte del libro si espongono le basi della fisica della materia, tra cui diffusione e moto browniano, modello di Drude e di Sommerfeld, calore specifico e proprietà meccaniche dei solidi, con cenni ai difetti reticolari e ai semiconduttori.

Parte I

Meccanica quantistica

Capitolo 1

Introduzione

In questa prima parte forniremo un'introduzione teorica rigorosa, ma intuitiva e quindi adatta ai più, della meccanica quantistica non relativistica, cioè della teoria che descrive i sistemi che coinvolgono particelle di dimensioni abbastanza piccole e che hanno velocità abbastanza minori di quelle della luce nel vuoto. In natura sono presenti quattro forze fondamentali: nucleare forte, elettromagnetica, nucleare debole e gravitazionale. Inoltre ci sono due teorie che dovrebbero essere considerate per la descrizione ultima della natura, queste teorie sono la meccanica quantistica e la relatività ristretta di Einstein. A seconda delle circostanze si può fare a meno di una delle due o addirittura di entrambe e descrivere i sistemi a livello classico, cioè non quantistico e non relativistico. Finora si è riusciti a elaborare teorie rigorose e funzionanti, relativistiche e quantistiche per tre delle quattro forze, tutte tranne quella gravitazionale. Queste teorie fanno parte del cosiddetto modello standard delle particelle elementari che comprende anche il famoso bosone di Higgs (campo scalare aggiuntivo che si accoppia con alcune particelle e fornisce loro la massa). Per quanto riguarda la forza gravitazionale disponiamo della teoria non quantistica e non relativistica, detta "classica", della gravitazione di Newton che funziona benissimo fintanto che non si analizzano sistemi in cui gli effetti relativistici e quantistici non possono essere trascurati (un esempio in cui fallisce sono i sistemi come i buchi neri). Einstein ha elaborato la teoria della relatività generale che mette insieme la relatività ristretta e l'interazione gravitazionale e che può essere considerata, forse, come la teoria più elegante dal punto di vista matematico, ma resta sempre una teoria non quantistica. In questa parte dunque tratteremo solo la meccanica quantistica non relativistica che è già di suo molto importante e sta alla base della sua formulazione relativistica (che viene formulata spesso tramite teorie di campi e prevede automaticamente l'esistenza dell'antimateria e dello spin per le particelle). In questa parte di introduzione alla meccanica quantistica tratteremo i seguenti argomenti:

- la funzione d'onda;
- l'equazione di Schrödinger (particella libera, equazione generale e equazione di continuità);
- i pacchetti d'onde;
- la normalizzazione;
- sistemi completi e trasformate di Fourier;
- spazio delle coordinate e spazio degli impulsi;
- valori medi di osservabili;
- gli operatori (posizione, impulso, energia, momento angolare);
- gli operatori in coordinate sferiche;
- le relazioni di commutazione;
- le equazioni agli autovalori (con esempi);
- il principio di indeterminazione di Heisenberg.

Capitolo 2

La funzione d'onda

Iniziamo col dire che la descrizione di un sistema quantistico avviene tramite una funzione, detta funzione d'onda, associata al sistema. Questa è una funzione del tempo e dello spazio (coordinate x,y,z) e, in generale, è un numero complesso. Si indica di solito con la seguente lettera greca $\Psi(x,y,z,t)$ e deve avere alcune proprietà che elencheremo a breve. Innanzitutto la formulazione della meccanica quantistica si basa sulla cosiddetta "interpretazione di Copenhagen" e asserisce che tutto ciò che si può sapere di un sistema è contenuto nella sua funzione d'onda. In particolare la probabilità di trovare ad un certo istante t il sistema nell'elemento di volume tra

(x,y,z) e $(x+dx, y+dy, z+dz)$ è data da

$$|\Psi(\vec{x},t)|^2 d^3x.$$

Si osservi che essa è un numero reale non negativo essendo il modulo quadro di un numero complesso. Se integriamo la probabilità di trovare un sistema su tutto il volume a disposizione dovremmo ottenere 1 (che è il 100%) cioè la certezza di trovarlo da qualche parte sul volume a disposizione. Come vedremo in seguito questo non può accadere per una particella libera giacché anche intuitivamente la densità di probabilità di trovarla da qualche parte è costante e se integriamo una costante su un volume infinito otterremo infinito e non 1. La soluzione sta nel limitare il volume a disposizione della particella libera che, anche in natura, non potrà mai essere effettivamente infinito, una tale normalizzazione si dice in "scatola" e verrà trattata più avanti. Quando invece accade si dice che la funzione d'onda è normalizzata ad 1 e il suo modulo quadro esprime pienamente la densità di probabilità di presenza del sistema come detto finora. Per funzioni d'onda normalizzate accade quindi che

$$\int |\Psi(\vec{x},t)|^2 d^3x = 1.$$

Elenchiamo ora i requisiti fisici che una funzione d'onda deve soddisfare per descrivere bene un sistema quantistico:

1. la funzione d'onda deve essere ovunque continua. Dato il suo legame con la probabilità di trovare una particella in un volume e in un certo tempo non può essere discontinua altrimenti si avrebbero probabilità diverse a seconda del modo di avvicinarsi, ad esempio, al volume in questione;
2. la funzione d'onda deve essere ovunque limitata. Infatti non ha senso parlare di probabilità infinita di trovare il sistema da qualche parte (la probabilità massima è 1);
3. la funzione d'onda deve essere ad un solo valore, cioè monodroma e non polidroma. Non si possono avere infatti più probabilità per un dato punto e un dato tempo.

Per concludere questo capitolo sulla funzione d'onda di un sistema quantistico (o per una particella, in generale) illustriamo il cosiddetto principio di sovrapposizione. Intanto diciamo subito che due funzioni d'onda che differiscono per la costante di normalizzazione o per una costante generica complessa moltiplicativa descrivono lo stesso sistema. In aggiunta, date due funzioni d'onda che descrivono uno stesso sistema allora anche una loro combinazione lineare descriverà quel sistema. Per i fini pratici e per il concetto di probabilità dato al modulo quadro della funzione d'onda, sceglieremo sempre una funzione d'onda normalizzata ad 1 (quando possibile, ad esempio per particella libera adotteremo la cosiddetta normalizzazione in "scatola", il motivo sarà chiarito in seguito) e dunque possiamo dire che una funzione d'onda normalizzata è definita a meno di una "fase moltiplicativa" ovvero un numero complesso di modulo unitario. Infatti calcolando il modulo quadro si ottiene lo stesso valore nei due casi. In generale quindi se $\Psi(x,y,z,t)$ è la funzione d'onda normalizzata per un sistema allora anche

$$\Psi(\vec{x},t)e^{i\alpha},$$

con la costante α arbitraria e reale, sarà a sua volta una funzione d'onda normalizzata per lo stesso sistema e vale ovviamente

$$|\Psi(\vec{x},t)\,e^{i\alpha}|^2 d^3x = |\Psi(\vec{x},t)|^2 d^3x,$$

perché
$$|e^{i\alpha}|^2 = e^{i\alpha}e^{-i\alpha} = 1, \quad \alpha \in \mathbb{R}.$$

Capitolo 3

L'equazione di Schrödinger

Veniamo ora all'equazione su cui si basa tutta la meccanica quantistica non relativistica. Questa viene detta equazione di Schrödinger, dal nome dello scienziato che l'ha formulata per la prima volta, ed è un'equazione differenziale alle derivate parziali. Il problema essenziale è quello di trovare la funzione d'onda per un certo sistema quantistico. Una volta trovata possiamo accedere al calcolo di tutte le probabilità grazie al suo modulo quadro, come illustrato precedentemente. L'equazione di Schrödinger fa proprio questo: se risolta fornisce la funzione d'onda del sistema. Il problema è risolverla, nel senso che non tutti i sistemi forniscono un'equazione che ammette una soluzione analitica in termini di funzioni elementari. Quando ciò non è possibile si può procedere con calcoli numerici oppure con dei metodi approssimati, detti metodi perturbativi. Presentiamo intanto l'equazione di Schrödinger per il caso più semplice di una particella libera e mostriamo poi la sua forma generale.

3.1 Equazione per particella libera

L'equazione di Schrödinger per una particella libera di massa m è

$$i\hbar\frac{\partial \Psi(\vec{x},t)}{\partial t} = -\frac{\hbar^2 \vec{\nabla}^2 \Psi(\vec{x},t)}{2m},$$

dove i è l'unità immaginaria, con

$$i^2 = -1,$$

"h tagliato", $\hbar$, è la costante di Planck divisa per 2π

$$\hbar = \frac{h}{2\pi}$$

3.1 Equazione per particella libera

e il nabla al quadrato, $\vec{\nabla}^2$, è detto anche laplaciano ed è un operatore differenziale dato, in coordinate cartesiane, da

$$\vec{\nabla}^2 = \vec{\nabla} \cdot \vec{\nabla} = \frac{\partial^2}{\partial x^2} + \frac{\partial^2}{\partial y^2} + \frac{\partial^2}{\partial z^2},$$

con

$$\vec{\nabla} = \left(\frac{\partial}{\partial x}, \frac{\partial}{\partial y}, \frac{\partial}{\partial z} \right).$$

Concentriamoci prima sul caso unidimensionale, l'equazione diventa

$$i\hbar \frac{\partial \Psi(x,t)}{\partial t} = -\frac{\hbar^2}{2m} \frac{\partial^2 \Psi(x,t)}{\partial x^2}.$$

Questa equazione può essere risolta per separazione delle variabili assumendo che

$$\Psi(x,t) = \psi(x)\phi(t),$$

sostituendo si ottiene

$$i\hbar \psi(x) \frac{\partial \phi(t)}{\partial t} = -\frac{\hbar^2}{2m} \phi(t) \frac{\partial^2 \psi(x)}{\partial x^2}$$

e, dividendo ambo i membri per la funzione d'onda,

$$i\hbar \frac{\psi(x)}{\Psi(x,t)} \frac{\partial \phi(t)}{\partial t} = -\frac{\hbar^2}{2m} \frac{\phi(t)}{\Psi(x,t)} \frac{\partial^2 \psi(x)}{\partial x^2},$$

che è identica a

$$i\hbar \frac{1}{\phi(t)} \frac{\partial \phi(t)}{\partial t} = -\frac{\hbar^2}{2m} \frac{1}{\psi(x)} \frac{\partial^2 \psi(x)}{\partial x^2}.$$

Questa equazione ha a primo membro una quantità che dipende solo dalla variabile t e a secondo membro una quantità che dipende solo da x. L'unico modo per cui queste due quantità siano uguali è che siano entrambe costanti. Detta E questa costante (si rivelerà essere l'energia della particella libera descritta dalla funzione d'onda) poniamo quindi

$$i\hbar \frac{1}{\phi(t)} \frac{\partial \phi(t)}{\partial t} = E$$

e

$$-\frac{\hbar^2}{2m} \frac{1}{\psi(x)} \frac{\partial^2 \psi(x)}{\partial x^2} = E.$$

3.1 Equazione per particella libera

La prima equazione è un'equazione differenziale ordinaria e ha come soluzione

$$\phi(t) = c_1 e^{-iEt/\hbar},$$

con c_1 costante, mentre la seconda ha come soluzione generica

$$\psi(x) = c_2 e^{ikx} + c_3 e^{-ikx},$$

con c_2 e c_3 costanti e

$$k = \sqrt{2mE}/\hbar$$

che si rivelerà essere il modulo del vettore d'onda della particella. La soluzione più generale si può dunque scrivere come

$$\Psi(x) = C_1 e^{i(kx-\omega t)} + C_2 e^{-i(kx+\omega t)},$$

con C_1 e C_2 costanti e

$$E = \hbar\omega.$$

L'equazione indipendente dal tempo prende il nome di equazione di Schrödinger stazionaria. In generale infatti cercheremo di risolvere questa equazione sapendo che l'evoluzione temporale è data dall'aggiunta di un fattore di fase del tipo

$$e^{-iEt/\hbar},$$

a meno che non si abbia un problema in cui la particella è soggetta ad un potenziale che dipende esplicitamente dal tempo.
Se ci concentriamo sull'equazione stazionaria abbiamo che la funzione d'onda per particella libera (di definito vettore d'onda e quindi fissato k) è un'onda piana del tipo

$$e^{ikx},$$

dove k è legato all'energia E e all'impulso p da

$$E = \frac{p^2}{2m} = \frac{\hbar^2 k^2}{2m}, \quad p = \hbar k.$$

Nel caso tridimensionale invece, in modo simile, si hanno soluzioni del tipo

$$\psi(\vec{x}) = e^{i\vec{k}\cdot\vec{x}}$$

e analogamente

$$E = \frac{\vec{p}^2}{2m} = \frac{\hbar^2 \vec{k}^2}{2m}, \quad \vec{p} = \hbar \vec{k},$$

con il vettore $\vec{k}$ che è il vettore d'onda il cui modulo è il numero d'onda, come detto precedentemente.

3.2 Equazione generale

Il caso generale si ha quando il sistema (o la particella) è soggetta ad un certo potenziale (rigorosamente intendiamo un'energia potenziale, che chiameremo comunque potenziale lasciando capire al lettore, a seconda della situazione, a quale grandezza fisica ci si riferisce). Chiamiamo con V questo potenziale, l'equazione di Schrödinger diventa

$$i\hbar \frac{\partial \Psi(\vec{x},t)}{\partial t} = -\frac{\hbar^2 \vec{\nabla}^2 \Psi(\vec{x},t)}{2m} + V(\vec{x},t)\Psi(\vec{x},t).$$

In genere si ha a che fare con potenziali non dipendenti dal tempo e si è interessati all'equazione di Schrödinger stazionaria che assume la forma

$$-\frac{\hbar^2 \vec{\nabla}^2 \psi(\vec{x})}{2m} + V(\vec{x})\psi(\vec{x}) = E\psi(\vec{x}),$$

o, nel caso unidimensionale,

$$-\frac{\hbar^2}{2m}\frac{\partial^2 \psi(x)}{\partial x^2} + V(x)\psi(x) = E\psi(x).$$

Possiamo anticipare che l'equazione di Schrödinger stazionaria si può scrivere come "un'equazione agli autovalori"

$$\hat{H}\psi = E\psi,$$

dove $\hat{H}$ è l'operatore (differenziale) hamiltoniano che è composto dall'operatore energia cinetica $\hat{T}$ (operatore differenziale) sommato all'operatore potenziale $\hat{V}$ (operatore moltiplicativo)

$$\hat{H} = \hat{T} + \hat{V}.$$

A sua volta l'operatore energia cinetica è dato da

$$\hat{T} = \frac{\hat{p}^2}{2m},$$

dove $\hat{p}$ denota a sua volta l'operatore impulso che ha la forma

$$\hat{p} = -i\hbar \vec{\nabla},$$

mentre

$$\hat{V} = V.$$

3.3 L'equazione di continuità

Tornando all'equazione di Schrödinger che possiamo scrivere come

$$i\hbar \frac{\partial \Psi}{\partial t} = -\frac{\hbar^2 \vec{\nabla}^2 \Psi}{2m} + V\Psi,$$

con E energia e V potenziale a cui è sottoposta la particella, calcoliamo il complesso coniugato dell'equazione. Essendo il potenziale V reale si ha

$$-i\hbar \frac{\partial \Psi^*}{\partial t} = -\frac{\hbar^2 \vec{\nabla}^2 \Psi^*}{2m} + V\Psi^*,$$

moltiplicando la prima equazione per il complesso coniugato della funzione d'onda (ψ^*), la seconda per la funzione d'onda (ψ) e sottraendo a membro a membro le equazioni otteniamo

$$i\hbar \left(\Psi^* \frac{\partial \Psi}{\partial t} + \Psi \frac{\partial \Psi^*}{\partial t}\right) = -\frac{\hbar^2}{2m}\left(\Psi^* \vec{\nabla}^2 \Psi - \Psi \vec{\nabla}^2 \Psi^*\right),$$

o anche

$$i\hbar \frac{\partial}{\partial t}(\Psi^*\Psi) = -\frac{\hbar^2}{2m}\vec{\nabla}\left(\Psi^* \vec{\nabla}\Psi - \Psi \vec{\nabla}\Psi^*\right).$$

Avendo definito il modulo quadro della funzione d'onda normalizzata come la densità di probabilità di presenza che chiamiamo con la lettera ρ

$$\frac{\partial \rho}{\partial t} = \frac{i\hbar}{2m}\vec{\nabla}\left(\Psi^*\vec{\nabla}\Psi - \Psi\vec{\nabla}\Psi^*\right),$$

con

$$\rho = |\Psi|^2 = \Psi\Psi^*,$$

si ottiene l'equazione di continuità

$$\frac{\partial \rho}{\partial t} + \vec{\nabla}\cdot\vec{J} = 0,$$

3.3 L'equazione di continuità

con la densità di corrente di probabilità data da

$$\vec{J} = -\frac{i\hbar}{2m}\left(\Psi^*\vec{\nabla}\Psi - \Psi\vec{\nabla}\Psi^*\right).$$

Capitolo 4

I pacchetti d'onde

Abbiamo visto che la soluzione generale dell'equazione di Schrödinger per particella libera (cioè $V = 0$) è data da una sovrapposizione di onde piane, ciascuna con un determinato vettore d'onda k. Una particella libera con un ben definito k (o, equivalentemente, un ben definito impulso p) ha una funzione d'onda del tipo

$$\psi(\vec{x}) = e^{i\vec{k}\cdot\vec{x}}$$

e la particella non può essere localizzata nello spazio essendo la densità di probabilità di posizione (modulo quadro della funzione d'onda) costante e dunque è "ovunque con ugual probabilità". Se vogliamo una particella che sia localizzata spazialmente possiamo costruire il cosiddetto "pacchetto d'onde" dato dalla sovrapposizione di più onde piane con diversi k e opportuni coefficienti di "peso", in formule si ha

$$\Psi(\vec{x},t) = \int d^3k\, C(\vec{k}) e^{i(\vec{k}\cdot\vec{x}-\omega t)}.$$

Questa funzione d'onda può descrivere un possibile stato di una particella libera dato che è soluzione della sua equazione di Schrödinger. La funzione peso $C(k)$ è detta funzione spettrale e se risulta a quadrato sommabile (cioè l'integrale del suo modulo quadro non diverge) allora lo è anche la funzione d'onda (e dunque l'integrale della densità di probabilità per la particella non diverge e ha senso parlare di probabilità di presenza). Consideriamo ora il caso unidimensionale e supponiamo di avere uno stato dato dalla sovrapposizione di onde piane con numeri d'onda k compresi tra i seguenti valori

$$\tilde{k}-b \leq k \leq \tilde{k}+b.$$

La funzione d'onda, per quanto scritto sopra, sarà allora

$$\Psi(x,t) = \int_{\tilde{k}-b}^{\tilde{k}+b} dk\, C(k) e^{i(kx-\omega t)}.$$

Supponiamo che b sia piccolo e che $C(k)$ possa essere considerata costante (lentamente variabile nell'intervallo in cui si effettua l'integrazione), dunque intanto

$$\Psi(x,t) = C \int_{\tilde{k}-b}^{\tilde{k}+b} dk\, e^{i(kx-\omega t)}.$$

Possiamo sviluppare ω in potenze di

$$k - \tilde{k},$$

sapendo che vale

$$\omega = \frac{E}{\hbar} = \frac{\hbar k^2}{2m},$$

quindi

$$\omega(k) = \omega(\tilde{k}) + (k-\tilde{k}) \left.\frac{d\omega}{dk}\right|_{k=\tilde{k}},$$

con

$$\left.\frac{d\omega}{dk}\right|_{k=\tilde{k}} = \frac{\hbar \tilde{k}}{m}.$$

Effettuando anche la sostituzione

$$y = k - \tilde{k}, \quad dy = dk,$$

l'integrale che fornisce la funzione d'onda si scrive

$$\Psi(x,t) = Ce^{i(\tilde{k}x - \omega(\tilde{k})t)} \int_{-b}^{b} dy \, e^{i(x - t\partial\omega/\partial k|_{k=\tilde{k}})y}.$$

Calcolando si ottiene

$$\Psi(x,t) = 2Ce^{i(\tilde{k}x - \omega(\tilde{k})t)} \frac{\sin\left[(x - t\partial\omega/\partial k|_{k=\tilde{k}})b\right]}{x - t\partial\omega/\partial k|_{k=\tilde{k}}},$$

ovvero il prodotto di un'onda piana (associata al numero d'onda centrale del pacchetto) per un fattore di ampiezza che ne modifica la forma. Questa funzione è anche normalizzabile, essendo a quadrato sommabile. Scriviamo

$$\Psi(x,t) = 2Ce^{\tilde{k}x - \tilde{\omega}t} \frac{\sin\left[(x - \hbar\tilde{k}t/m)b\right]}{x - \hbar\tilde{k}t/m},$$

con

$$\tilde{\omega} = \omega(\tilde{k}).$$

Concentriamoci sull'ampiezza

$$A(x,t) = 2C\frac{\sin\left[(x-\hbar\tilde{k}t/m)b\right]}{x-\hbar\tilde{k}t/m},$$

che presenta un massimo per $x=0$ dato da $2Cb$ e oscilla riducendo la sua ampiezza sempre di più come si può notare anche dal grafico qualitativo mostrato in figura 4.0.1 (calcolato a $t=0$, ma nel tempo non cambia forma, si muove solo lungo l'asse x nel verso positivo).

Figura 4.0.1

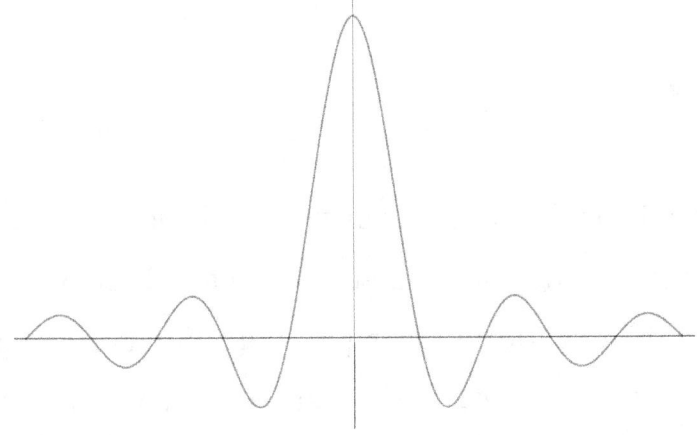

Inoltre il modulo quadro della funzione d'onda, cioè la densità di probabilità di presenza, è sensibilmente diversa da zero solo in una ristretta regione spaziale ed è per questo che diciamo che un pacchetto d'onde descrive una particella libera localizzata entro una certa regione spaziale. Un grafico qualitativo dell'andamento della densità di probabilità è mostrato in figura 4.0.2.

Figura 4.0.2

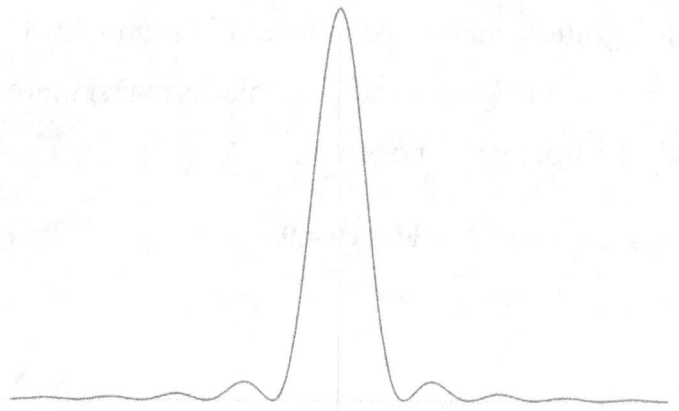

Affinché la particella sia localizzata abbiamo dovuto combinare diverse onde piane ciascuna con un k diverso (ma tutti entro b da un certo $\tilde{k}$). Dunque abbiamo una particella libera con un'opportuna "incertezza" sulla sua posizione, ma anche sul suo k (cioè sul suo impulso essendo legati tra di loro, matematicamente, tramite la costante di Planck ridotta, $\hbar$). Tanto meglio la particella sarà localizzata spazialmente tanto meno avremo informazioni suo impulso e viceversa, fino al caso estremo in cui una particella con un ben definito k è completamente delocalizzata (onda piana singola). Tutto questo è racchiuso, in formule matematiche, nel cosiddetto principio di indeterminazione di Heisenberg di cui ci occuperemo più avanti. Tornando al pacchetto d'onde possiamo calcolare la velocità (velocità di gruppo) con cui si muove lungo l'asse x. Questa è data da

$$v_g = \frac{d\omega}{dk}\bigg|_{k=\tilde{k}} = \frac{\hbar\tilde{k}}{m} = \frac{\tilde{p}}{m},$$

che corrisponde alla velocità di una particella con impulso uguale a quello "medio" del pacchetto (velocità non relativistica, per cui $p = mv$). Infine diciamo che per essere normalizzata la funzione d'onda che descrive il pacchetto si può porre

$$C = \frac{1}{2\sqrt{\pi b}}.$$

Questo si può calcolare usando l'integrale noto

$$\int_{-\infty}^{+\infty} \frac{\sin^2 x}{x^2} dx = \pi.$$

Capitolo 5

La normalizzazione

Abbiamo già accennato alla normalizzazione di una funzione d'onda. Visto che il suo modulo quadro rappresenta la densità di probabilità di presenza di una particella è auspicabile che la probabilità totale di trovarla ovunque le sia consentito sia uguale a 1. In generale se la funzione è a quadrato sommabile si fissa la costante moltiplicativa arbitraria, detta C, della funzione d'onda in modo che valga

$$\int d^3x |C\psi(\vec{x})|^2 = 1$$

e di solito si sceglie C reale con

$$C = \sqrt{\frac{1}{\int d^3x |\psi(\vec{x})|^2}}.$$

Per una particella libera di ben definito impulso (e dunque ben definito k) la funzione d'onda (solo la parte spaziale, tanto quella temporale è una fase moltiplicativa che non influisce sul modulo quadro) è, a meno di una costante moltiplicativa arbitraria, data dall'onda piana

$$\psi(\vec{x}) = e^{i\vec{k}\cdot\vec{x}}.$$

Questa funzione non è normalizzabile su tutto lo spazio. Lo è invece una generica funzione d'onda a quadrato sommabile come il pacchetto d'onde che abbiamo introdotto precedentemente. Se si ha a che fare con una particella libera di definito impulso possiamo supporre che essa non abbia uno spazio in cui può esistere infinito, ma limitato. Questa assunzione porta alla cosiddetta normalizzazione in scatola, cioè si suppone che lo spazio a disposizione della particella sia compreso, ad esempio, in un cubo di lato L. In questo caso prendiamo l'onda piana monocromatica (significa di definito impulso p o vettore d'onda k)

$$\psi(\vec{x}) = e^{i\vec{k}\cdot\vec{x}}$$

e imponiamo che, fissata l'origine del sistema cartesiano x, y, z sullo spigolo del cubo di lato L in cui può trovarsi, la funzione d'onda assuma lo stesso valore sulle facce del cubo. Cioè

$$\psi(x,y,z) = \psi(x+L,y,z)$$

e analogamente per y e z. Essendo

$$e^{i\vec{k}\cdot\vec{x}} = e^{k_x x + k_y y + k_z z} = e^{k_x x} e^{k_y y} e^{k_z z},$$

si ottiene

$$e^{k_x x} = e^{ik_x(x+L)},$$

cioè

$$e^{k_x L} = 1.$$

Questo implica che l'angolo di questa fase sia multiplo intero di 2π, in formule

$$k_x L = 2\pi n, \quad n \in \mathbb{Z}$$

e analogamente per y e z. Dunque riassumendo si hanno le condizioni, dette condizioni di quantizzazione del vettore d'onda,

$$\begin{cases} k_x = \frac{2\pi}{L} n_x \\ k_y = \frac{2\pi}{L} n_y \\ k_z = \frac{2\pi}{L} n_z \end{cases}, \quad n_x, n_y, n_z \in \mathbb{Z},$$

o

$$\vec{k} = \frac{2\pi}{L}(n_x, n_y, n_z), \quad n_x, n_y, n_z \in \mathbb{Z}.$$

Inoltre la normalizzazione della funzione d'onda si calcola fissando la costante C moltiplicativa ponendo

$$\int_0^L dx \int_0^L dy \int_0^L dz |C\psi(\vec{x})|^2 = 1,$$

da cui

$$|C|^2 = \frac{1}{L^3}$$

e si può quindi scegliere la costante reale

$$C = \frac{1}{L^{3/2}}.$$

La funzione d'onda diventa

$$\psi_{\vec{k}}(\vec{x}) = \frac{1}{\sqrt{V}} e^{i\vec{k}\cdot\vec{x}}, \quad V = L^3,$$

con V volume del cubo dove è confinata la particella e ricordiamo che il vettore k è quantizzato come visto sopra.

Capitolo 6

Trasformate di Fourier

6.1 Intervallo di ampiezza 2π

L'insieme delle seguenti funzioni

$$\beta_n(x) = \frac{e^{inx}}{\sqrt{2\pi}}, \quad n \in \mathbb{Z},$$

costituisce un sistema ortonormale completo per le funzioni a quadrato sommabili in un qualsiasi intervallo di ampiezza 2π e in particolare tra $-\pi$ e π. Per il sistema ortonormale si ha il prodotto scalare

$$\left(\beta_n(x),\beta_m(x)\right) = \int_{-\pi}^{\pi} \beta_n^*(x)\beta_m(x)\,dx = \delta_{nm},$$

dove si è usata la delta di Kronecker che vale 1 quando $n=m$ e 0 altrimenti. La completezza implica inoltre

$$\sum_{n=-\infty}^{+\infty} \beta_n(x)\beta_n^*(x') = \frac{1}{2\pi} \sum_{n=-\infty}^{+\infty} e^{in(x-x')} = \delta(x-x'),$$

dove nell'ultimo membro abbiamo usato la distribuzione delta di Dirac. Qualsiasi funzione a quadrato sommabile nell'intervallo scelto $(-\pi,\pi)$ può essere quindi espressa in serie di Fourier che converge alla funzione "quasi dappertutto" nell'intervallo in questione, cioè eccetto qualche insieme di punti di misura nulla. I coefficienti della serie di Fourier di $f(x)$ sono le "componenti" della funzione rispetto alla base ortonormale scritta sopra, cioè

$$\left(\beta_n(x),f(x)\right) = \int_{-\pi}^{\pi} \beta_n^*(x)f(x)\,dx = \delta_{nm},$$

ovvero

$$\left(\beta_n(x), f(x)\right) = \frac{1}{\sqrt{2\pi}} \int_{-\pi}^{\pi} e^{-inx} f(x)\, dx = \delta_{nm}.$$

Ponendo

$$a_n = \left(\beta_n(x), f(x)\right),$$

la serie di Fourier si scrive

$$f(x) = \sum_{n=-\infty}^{+\infty} a_n \beta_n(x) = \frac{1}{\sqrt{2\pi}} \sum_{n=-\infty}^{+\infty} a_n e^{inx}.$$

Inoltre vale l'equazione di Parseval

$$\sum_{n=-\infty}^{+\infty} |a_n|^2 = \int_{-\pi}^{\pi} |f(x)|^2\, dx.$$

6.2 Intervallo di ampiezza L

Nel caso di un intervallo di ampiezza diversa da 2π si può costruire il sistema ortonormale completo

$$\psi_n(x) = \frac{e^{ik_n x}}{\sqrt{L}}, \quad k_n = \frac{2\pi}{L} n, \quad n \in \mathbb{Z},$$

tramite la sostituzione, nel sistema ortonormale completo iniziale,

$$x \to \frac{2\pi}{L}x.$$

Abbiamo assegnato la lettera ψ alle funzioni di questo sistema ortonormale completo dato che esse sono praticamente le funzioni d'onda per particella libera normalizzate in scatola che abbiamo incontrato precedentemente. Tutti i risultati mostrati sopra valgono ancora, ovviamente cambiando gli estremi di integrazione con $-L/2$ e $L/2$ e usando la corretta costante di normalizzazione del nuovo sistema ortonormale. Ricordiamo solo che una qualsiasi funzione a quadrato sommabile tra $-L/2$ e $L/2$, cioè

$$\psi(x) \in \mathcal{L}^2\left(-\frac{L}{2}, \frac{L}{2}\right),$$

è sviluppabile in serie di Fourier quasi dappertutto (ovunque eccetto un insieme di punti di misura nulla)

$$\psi(x) = \sum_n a_n \psi_n(x) = \frac{1}{\sqrt{L}} \sum_n a_n e^{ik_n x},$$

con

$$a_n = \left(\psi_n(x), \psi(x)\right) = \frac{1}{\sqrt{L}} \int_{-L/2}^{L/2} e^{-ik_n x} \psi(x)\, dx.$$

6.3 Intervallo di ampiezza infinita

Infine si può trattare il caso in cui le funzioni siano definite in un intervallo di ampiezza infinita. In questo caso si ha la trasformata di Fourier anziché la serie di Fourier. Definiamo la trasformata di Fourier per la funzione $\psi(x)$ come

$$A(k) = \frac{1}{\sqrt{2\pi}} \int_{-\infty}^{+\infty} \psi(x) e^{-ikx}\, dx,$$

mentre l'antitrasformata di Fourier della funzione $A(k)$ è

$$\psi(x) = \frac{1}{\sqrt{2\pi}} \int_{-\infty}^{+\infty} A(k) e^{ikx}\, dk.$$

Il teorema di Plancherel afferma che data una funzione a quadrato sommabile

$$\psi(x) \in \mathcal{L}^2(-\infty, +\infty),$$

esiste la sua trasformata di Fourier (detta $A(k)$ e mostrata sopra) che risulta a sua volta a quadrato sommabile nello stesso intervallo e la sua antitrasformata di Fourier coincide (a meno di una funzione quasi dappertutto nulla) con la $\psi(x)$ come abbiamo già scritto sopra uguagliando l'antitrasformata di $A(k)$ proprio a $\psi(x)$. Ricordiamo anche che vale la rappresentazione della delta di Dirac che può essere utile per alcuni calcoli con le trasformate di Fourier

$$\delta(x-x') = \frac{1}{2\pi} \int_{-\infty}^{+\infty} e^{ik(x-x')}.$$

L'equazione di Parseval in questo caso indica che

$$\int_{-\infty}^{+\infty} |\psi(x)|^2 dx = \int_{-\infty}^{+\infty} |A(k)|^2 dk,$$

o, in forma equivalente,

$$\Big(\psi(x), \psi(x)\Big) = \Big(A(x), A(x)\Big).$$

6.4 Spazio delle coordinate e degli impulsi

Possiamo dire, mettendo insieme i risultati dei precedenti capitoli, che le funzioni del sistema ortonormale completo

$$\psi_n(x) = \frac{e^{ik_n x}}{\sqrt{L}}, \quad k_n = \frac{2\pi}{L} n \quad n \in \mathbb{Z},$$

coincidono con le onde piane normalizzate in scatola del caso unidimensionale e rappresentano dunque particelle libere di definito impulso (definito vettore d'onda k) confinate in un segmento spaziale di ampiezza L. Essendo confinate hanno impulso quantizzato come mostrato sopra, cioè

$$p_n = \hbar k_n = \frac{2\pi\hbar}{L} n, \quad n \in \mathbb{Z}.$$

Inoltre, come già detto in precedenza, una qualsiasi funzione a quadrato sommabile nell'intervallo $(-L/2, L/2)$ può essere sviluppata in serie di Fourier, cioè espressa come sovrapposizione di onde piane. Inoltre il modulo quadro del coefficiente di Fourier

$$a_n = \bigl(\psi_n(x), \psi(x)\bigr) = \frac{1}{\sqrt{L}} \int_{-L/2}^{L/2} e^{-ik_n x} \psi(x)\, dx,$$

può essere visto come la probabilità di trovare il valore di $\hbar k_n$ come impulso di un particella descritta dalla funzione $\psi(x)$. In modo simile le funzioni

$$\psi_k(x) = \frac{1}{\sqrt{2\pi}} e^{ikx}, \quad k \in \mathbb{R},$$

coincidono con le onde piane di definito k reale (monocromatiche) e non normalizzate in scatola ma definite in uno spazio illimitato (unidimensionale). Dunque l'espressione precedentemente incontrata (antitrasformata della trasformata di ψ)

$$\psi_k(x) = \frac{1}{\sqrt{2\pi}} e^{ikx}, \quad k \in \mathbb{R},$$

può essere vista come una sovrapposizione di queste onde piane. In questo caso il ruolo del coefficiente di Fourier per il caso discreto è giocato dalla funzione $A(k)$ che è la

6.4 Spazio delle coordinate e degli impulsi

trasformata di Fourier di $\psi(x)$

$$\psi(x) = \frac{1}{\sqrt{2\pi}} \int_{-\infty}^{+\infty} A(k) e^{ikx} dk.$$

Dunque il suo modulo quadro può essere visto come la densità di probabilità di impulso (o numero d'onda essendo legati da una costante moltiplicativa). Diciamo quindi che la quantità

$$|A(k)|^2 dk,$$

rappresenta la probabilità di trovare un impulso compreso tra

$$\hbar k$$

e

$$\hbar(k+dk),$$

per una particella descritta dalla funzione d'onda $\psi(x)$. Si noti che il passaggio da discreto a continuo fa passare da un sistema ortonormale completo ad un sistema completo, ma ortonormale solo in senso lato e non in senso stretto. Quanto detto finora può essere esteso banalmente al caso tridimensionale. Ad esempio in quel caso le trasformate di Fourier si scriverebbero

$$A(\vec{k}) = \frac{1}{(2\pi)^{3/2}} \int_{-\infty}^{+\infty} \psi(\vec{x}) e^{-i\vec{k}\cdot\vec{x}} d^3x$$

e

$$\psi(\vec{x}) = \frac{1}{(2\pi)^{3/2}} \int_{-\infty}^{+\infty} A(\vec{k}) e^{i\vec{k}\cdot\vec{x}} d^3k.$$

Veniamo ora al concetto di "spazio delle coordinate" e "spazio degli impulsi". Per quanto visto finora possiamo dire che la funzione d'onda normalizzata $\psi(x)$ è rappresentativa di un certo sistema nello spazio delle coordinate e infatti la quantità

$$|\psi(\vec{x})|^2 d^3x,$$

fornisce proprio la probabilità di posizione entro il volume

$$(\vec{x}, \vec{x} + d^3x),$$

proprio in uno spazio delle coordinate (x, y, z). In modo analogo diciamo che la trasformata di Fourier della $\psi(x)$, cioè la funzione $A(k)$ (che a sua volta risulta normalizzata a 1 se lo è ψ) è rappresentativa dello stesso sistema nello spazio degli impulsi (a volte detto spazio dei vettori d'onda per ovvi

6.4 Spazio delle coordinate e degli impulsi

motivi). Infatti
$$|A(\vec{k})|^2 d^3k,$$
fornisce la probabilità di possedere un certo impulso (o vettore d'onda k) entro il "volume nello spazio degli impulsi" dato da
$$(\vec{p},\vec{p}+d^3p) = \hbar(\vec{k},\vec{k}+d^3k).$$

Si può anche riscrivere l'equazione di Schrödinger nello spazio degli impulsi e dunque ottenere la funzione $A(k,t)$ anziché $\psi(x,t)$. Questa è data da
$$i\hbar\frac{\partial A(k,t)}{\partial t} = \frac{p^2}{2m}A(k,t) + V(i\hbar)\frac{\partial A(k,t)}{\partial p}.$$

Infine diciamo anche che così come gli operatori legati alla posizione x e all'impulso p nello spazio delle coordinate sono
$$\hat{x} \to \vec{x}, \quad \hat{p} \to -i\hbar\vec{\nabla}$$
e dunque il primo operatore è moltiplicativo, mentre il secondo differenziale, possiamo scrivere quelli nello spazio degli impulsi
$$\hat{x} \to i\hbar\vec{\nabla}_{\vec{p}}, \quad \hat{p} \to \vec{p}$$

dove, al contrario, il primo è un operatore differenziale, mentre il secondo è un operatore moltiplicativo.

Capitolo 7

Valori medi di osservabili

Introduciamo ora il concetto di valor medio di una osservabile continua (il caso discreto prevede una sommatoria anziché un integrale). Se abbiamo una certa osservabile A continua dipendente dalla variabile x allora, detta

$$P(a)\,da,$$

la probabilità di trovare, misurando A, un risultato compreso tra

$$(a, a+da),$$

allora il valor medio di A è dato da

$$\langle A \rangle = \int a P(a) \, da,$$

dove l'integrale è esteso a quei valori x su cui vogliamo calcolare la media di A. Definiamo inoltre lo scarto quadratico medio (o varianza) come

$$\Delta A = \sqrt{\langle A^2 \rangle - \langle A \rangle^2},$$

che indica quanto i risultati di singole misure si discostano dal valor medio. Più questo valore è piccolo e più i risultati di misure sono vicini al valore più probabile. Al limite, se tutte le misure forniscono sempre lo stesso valore allora lo scarto quadratico medio è esattamente nullo e in questo caso si dice che la grandezza A è ben determinata, perché misurandola più volte si ottiene sempre un unico valore. Tutto questo in meccanica quantistica si traduce sfruttando il fatto che la densità di probabilità di posizione di un sistema quantistico descritto dalla funzione d'onda normalizzata $\psi(x)$ è data dal suo modulo quadro. Perciò, ad esempio, il valor medio di una qualsiasi funzione della posizione, detta $f(x)$, si scriverà

$$\langle f(\vec{x})\rangle = \int f(\vec{x})|\psi(\vec{x})|^2 d^3x.$$

In particolare il valor medio della posizione è

$$\langle \vec{x}\rangle = \int \vec{x}|\psi(\vec{x})|^2 d^3x,$$

mentre il valor medio del quadrato della posizione è

$$\langle \vec{x}^2\rangle = \int \vec{x}^2|\psi(\vec{x})|^2 d^3x,$$

ovvero

$$\langle \vec{x}^2\rangle = \int (x^2+y^2+z^2)|\psi(x,y,z)|^2 dxdydz.$$

Dall'identità

$$|\psi(\vec{x})|^2 = \psi^*(\vec{x})\psi(\vec{x}),$$

possiamo scrivere il valor medio di una funzione, in generale, come

$$\langle f(\vec{x})\rangle = \int \psi^*(\vec{x})f(\vec{x})\psi(\vec{x})\,d^3x,$$

che è identico a quanto scritto sopra, ma questa nuova scrittura sarà utile quando si vuole calcolare il valor medio di operatori non moltiplicativi. Quest'ultima scrittura si può scrivere anche in modo compatto, con la notazione dei prodotti scalari, come

$$\langle f(\vec{x}) \rangle = \Big(\psi(\vec{x}), f(\vec{x}) \psi(\vec{x}) \Big).$$

Capitolo 8

Gli operatori

In meccanica quantistica le osservabili fisiche (come ad esempio la posizione, l'impulso, il momento angolare, l'energia) sono rappresentate da operatori. In genere avremo a che fare con operatori moltiplicativi o differenziali (che contengono cioè derivate) a seconda dello spazio in cui vogliamo fare i calcoli (spazio delle coordinate o spazio degli impulsi). Nella maggior parte dei casi, in cui si sceglie lo spazio delle coordinate, vedremo che l'operatore posizione è un operatore moltiplicativo, mentre gli operatori impulso, momento angolare ed energia cinetica sono operatori differenziali. A meno che non venga detto il contrario da qui in poi assumeremo di lavorare sullo spazio delle coordinate. Abbiamo detto che una particella è governata dalla sua funzione d'onda (in genere normalizzata a 1) e che tutte le informazioni su quella particella sono contenute in essa. La densità di probabilità di posizione, ad esempio, è data proprio dal modulo quadro della funzione d'onda, come detto finora. L'importanza degli operatori sta nel fatto che l'applicazione di un operatore su una funzione d'onda (da sinistra) può restituire informazioni sulla grandezza fisica associata all'operatore, come vedremo in seguito.

8.1 L'operatore posizione

Nello spazio delle coordinate l'operatore posizione è un operatore moltiplicativo, questo operatore (in genere gli operatori si indicano con un segno sopra la lettera) si scrive

$$\hat{\vec{x}} = \vec{x},$$

o, coordinata per coordinata,

$$\hat{x}_i = x_i,$$

che deriva dalla media della posizione che, per definizione (come detto in precedenza), si scrive

$$\langle \vec{x} \rangle = \int \Psi^*(\vec{x},t) \vec{x} \Psi(\vec{x},t) \, d^3x.$$

8.2 L'operatore impulso

Per ricavare l'operatore impulso nello spazio delle coordinate partiamo dalla definizione di media del vettore d'onda $\vec{k}$ nello spazio dei vettori d'onda (o degli impulsi) che si scrive

$$\langle \vec{k} \rangle = \int \vec{k} |A(\vec{k},t)|^2 \, d^3k,$$

o anche

$$\langle \vec{k} \rangle = \int A^*(\vec{k},t) \vec{k} A(\vec{k},t) \, d^3k.$$

Scriviamo ora la funzione d'onda nello spazio degli impulsi $A(k,t)$ e il suo complesso coniugato come trasformata di Fourier della funzione d'onda nello spazio delle coordinate, si hanno

$$A(\vec{k},t) = \frac{1}{(2\pi)^{3/2}} \int \Psi(\vec{x}',t) e^{i\vec{k}\cdot\vec{x}'} \, d^3x'$$

e
$$A^*(\vec{k},t) = \frac{1}{(2\pi)^{3/2}} \int \Psi^*(\vec{x}'',t) e^{-i\vec{k}\cdot\vec{x}''} d^3x''.$$

Sostituiamo queste due quantità nella formula della media di $\vec{k}$ scritta sopra e otteniamo

$$\begin{aligned}\langle \vec{k} \rangle &= \frac{1}{(2\pi)^3} \int \Psi^*(\vec{x}'',t) e^{i\vec{k}\cdot\vec{x}''} \cdot (i\vec{\nabla}_{\vec{x}'} e^{-i\vec{k}\cdot\vec{x}'}) \Psi(\vec{x}',t) \\ &\quad \cdot e^{-i\vec{k}\cdot\vec{x}'} d^3k\, d^3x'\, d^3x'',\end{aligned}$$

avendo usato

$$i\vec{\nabla}_{\vec{x}'} e^{-i\vec{k}\cdot\vec{x}'} = \vec{k} e^{-i\vec{k}\cdot\vec{x}'}.$$

Integriamo per parti rispetto alla variabile x', ottenendo

$$\begin{aligned}\langle \vec{k} \rangle &= 0 - \frac{1}{(2\pi)^3} \int \Psi^*(\vec{x}'',t) e^{i\vec{k}\cdot\vec{x}''} \\ &\quad \cdot e^{-i\vec{k}\cdot\vec{x}'} [i\vec{\nabla}_{\vec{x}'} \Psi(\vec{x}',t)] d^3k\, d^3x'\, d^3x''.\end{aligned}$$

Possiamo usare una delle rappresentazioni della funzione generalizzata delta di Dirac, sapendo che

$$\delta^3(\vec{x}'' - \vec{x}') = \frac{1}{(2\pi)^3} \int e^{i\vec{k}\cdot(\vec{x}''-\vec{x}')} d^3k,$$

8.2 L'operatore impulso

si ottiene

$$\langle \vec{k} \rangle = \int \Psi^*(\vec{x}'',t)\delta^3(\vec{x}''-\vec{x}')\cdot[-i\vec{\nabla}_{\vec{x}'}\Psi(\vec{x}',t)]\,d^3x'\,d^3x''.$$

Eseguendo uno dei due integrali, utilizzando la delta di Dirac, e poi cambiando nome alla variabile che rimane, chiamandola x per semplicità, otteniamo

$$\langle \vec{k} \rangle = \int \Psi^*(\vec{x},t)[-i\vec{\nabla}_{\vec{x}}\Psi(\vec{x},t)]\,d^3x,$$

o anche

$$\langle \vec{k} \rangle = \int \Psi^*(\vec{x},t)(-i\vec{\nabla})\Psi(\vec{x},t)\,d^3x.$$

Questo implica, dalla definizione di valor medio nello spazio delle coordinate

$$\langle \vec{k} \rangle = \int \Psi^*(\vec{x},t)\hat{\vec{k}}\Psi(\vec{x},t)\,d^3x,$$

che l'operatore da associare a $\vec{k}$ nello spazio delle coordinate è proprio

$$\hat{\vec{k}} = -i\vec{\nabla}, \qquad \hat{k}_i = -i\frac{\partial}{\partial x_i}.$$

Ricordando il legame tra il vettore d'onda $\vec{k}$ e il vettore impulso $\vec{p}$

$$\vec{p} = \hbar \vec{k},$$

abbiamo anche l'operatore

$$\hat{\vec{p}} = -i\hbar \vec{\nabla},$$

o

$$\hat{p}_i = -i\hbar \frac{\partial}{\partial x_i}$$

e dunque la media si può scrivere come

$$\langle \vec{p} \rangle = \int \Psi^*(\vec{x},t)(-i\hbar\vec{\nabla})\Psi(\vec{x},t)\,d^3x.$$

8.3 L'operatore energia

L'energia, detta anche Hamiltoniana e indicata con la lettera H, somma di energia cinetica e potenziale, ha un operatore associato dato da

$$\hat{H} = \hat{T} + \hat{V},$$

dove $\hat{T}$ è l'operatore energia cinetica e $\hat{V}$ l'operatore energia potenziale. Per trovare l'operatore energia cinetica ba-

8.3 L'operatore energia

sta osservare che in meccanica quantistica non relativistica il legame tra impulso $\vec{p}$ ed energia cinetica T è dato da

$$T = \frac{\vec{p}^2}{2m}$$

e dunque, sapendo che l'operatore associato all'impulso è

$$\hat{\vec{p}} = -i\hbar \vec{\nabla},$$

possiamo dedurre che

$$\hat{T} = \frac{\hat{\vec{p}}^2}{2m} = \frac{(-i\hbar\vec{\nabla})^2}{2m},$$

cioè

$$\hat{T} = -\frac{\hbar^2 \vec{\nabla}^2}{2m},$$

da cui si vede che si tratta di un operatore differenziale. L'operatore energia potenziale è un operatore moltiplicativo dato da

$$\hat{V} = V(\vec{r}),$$

con

$$\vec{r} = \vec{x} = (x, y, z).$$

L'operatore energia o Hamiltoniana è dato dunque da

$$\hat{H} = -\frac{\hbar^2 \vec{\nabla}^2}{2m} + V(\vec{r}).$$

Si osservi come l'equazione di Schrödinger stazionaria si possa scrivere come un'equazione differenziale in questo modo compatto

$$\hat{H}\psi(\vec{r}) = E\psi(\vec{r}),$$

cioè

$$\left(-\frac{\hbar^2 \vec{\nabla}^2}{2m} + V(\vec{r})\right)\psi(\vec{r}) = E\psi(\vec{r}).$$

Nel caso di particella libera si pone l'energia potenziale uguale a zero $V = 0$ e si ha la corrispondente equazione di Schrödinger stazionaria.

8.4 L'operatore momento angolare

Il momento angolare, classicamente, è definito come il seguente prodotto vettoriale

$$\vec{L} = \vec{r} \times \vec{p}.$$

8.4 L'operatore momento angolare

Ricordando le espressioni operatoriali del vettore posizione $\vec{r}$ (operatore moltiplicativo) e del vettore impulso $\vec{p}$

$$\hat{\vec{p}} = -i\hbar \vec{\nabla},$$

si può scrivere

$$\hat{\vec{L}} = \hat{\vec{r}} \times \hat{\vec{p}} = -i\hbar \vec{r} \times \vec{\nabla}.$$

Le sue componenti si possono esplicitare usando il tensore di Levi-Civita (completamente antisimmetrico)

$$\varepsilon_{ijk} = \begin{cases} +1 & \text{per } ijk = 123 \text{ e cicliche} \\ -1 & \text{per } ijk = 213 \text{ e cicliche} \\ 0 & \text{se due o più indici uguali} \end{cases},$$

dove, con la parola "cicliche", si intendono permutazioni cicliche, ad esempio 231 e 312 sono permutazioni cicliche di 123. Usando questo simbolo possiamo scrivere ciascuna componente del prodotto vettoriale tra due vettori qualsiasi come

$$(\vec{a} \times \vec{b})_i = \varepsilon_{ijk} a_j b_k$$

e dunque per il momento angolare

$$\hat{L}_i = \varepsilon_{ijk} x_j \hat{p}_k = -i\hbar \varepsilon_{ijk} x_j \frac{\partial}{\partial x_k},$$

dove è sottintesa una somma sugli indici ripetuti (convenzione di Einstein, nella formula precedente gli indici j e k che sono ripetuti vanno sommati tra 1 e 3). Scriviamo esplicitamente le tre componenti cartesiane dell'operatore momento angolare

$$\hat{L}_1 = \hat{L}_x = -i\hbar \left(y \frac{\partial}{\partial z} - z \frac{\partial}{\partial y} \right),$$

$$\hat{L}_2 = \hat{L}_y = -i\hbar \left(z \frac{\partial}{\partial x} - x \frac{\partial}{\partial z} \right)$$

e

$$\hat{L}_3 = \hat{L}_z = -i\hbar \left(x \frac{\partial}{\partial y} - y \frac{\partial}{\partial x} \right).$$

Il quadrato del momento angolare è un altro operatore molto importante in meccanica quantistica. Esso è dato banalmente da

$$\hat{L}^2 = \hat{\vec{L}} \cdot \hat{\vec{L}} = \hat{L}_x^2 + \hat{L}_y^2 + \hat{L}_z^2.$$

8.5 Coordinate sferiche

Gli operatori introdotti finora possono scriversi anche in coordinate polari sferiche. Queste coordinate le possiamo definire a partire da quelle cartesiane (x,y,z) come

$$\begin{cases} x = r\sin\theta\cos\phi \\ y = r\sin\theta\sin\phi \\ z = r\cos\theta \end{cases},$$

con

$$r \geq 0, \quad 0 \leq \theta \leq \pi, \quad 0 \leq \phi \leq 2\pi,$$

da cui ricordiamo che vale

$$r^2 = x^2 + y^2 + z^2.$$

La scelta delle coordinate sferiche è utile per i problemi centrali che vedremo in seguito. Intanto mostriamo la forma in coordinate sferiche degli operatori incontrati finora. Osserviamo che le derivate parziali rispetto alle coordinate cartesiane si possono scrivere come

$$\frac{\partial}{\partial x} = \frac{\partial r}{\partial x}\frac{\partial}{\partial r} + \frac{\partial \theta}{\partial x}\frac{\partial}{\partial \theta} + \frac{\partial \phi}{\partial x}\frac{\partial}{\partial \phi},$$

$$\frac{\partial}{\partial y} = \frac{\partial r}{\partial y}\frac{\partial}{\partial r} + \frac{\partial \theta}{\partial y}\frac{\partial}{\partial \theta} + \frac{\partial \phi}{\partial y}\frac{\partial}{\partial \phi}$$

e

$$\frac{\partial}{\partial z} = \frac{\partial r}{\partial z}\frac{\partial}{\partial r} + \frac{\partial \theta}{\partial z}\frac{\partial}{\partial \theta} + \frac{\partial \phi}{\partial z}\frac{\partial}{\partial \phi},$$

dunque gli operatori differenziali che coinvolgono queste derivate parziali possono essere facilmente ricondotti a operatori differenziali in coordinate sferiche. Le derivate parziali delle coordinate sferiche rispetto a quelle cartesiane si ricavano facilmente dalla formula di trasformazione che definisce le coordinate sferiche rispetto a quelle cartesiane mostrata sopra (e dalla sua inversa). Calcoliamo la terza componente dell'operatore momento angolare

$$\hat{L}_3 = \hat{L}_z = -i\hbar \left(x\frac{\partial}{\partial y} - y\frac{\partial}{\partial x} \right),$$

dopo alcune semplificazioni algebriche, si arriva a

$$\hat{L}_z = -i\hbar \frac{\partial}{\partial \phi}.$$

8.5 Coordinate sferiche

Per la scelta fatta quando abbiamo scritto la trasformazione tra coordinate sferiche e cartesiane (cioè di aver scelto l'asse z come asse polare) l'espressione della componente lungo z del momento angolare (rotazione infinitesima attorno al proprio asse) risulta la più semplice delle tre. Infatti se calcoliamo anche le altre due componenti del momento angolare otteniamo

$$\hat{L}_x = -i\hbar \left(\sin\phi \frac{\partial}{\partial \theta} + \frac{\cos\phi}{\tan\theta} \frac{\partial}{\partial \phi} \right)$$

e

$$\hat{L}_y = -i\hbar \left(-\cos\phi \frac{\partial}{\partial \theta} + \frac{\sin\theta}{\tan\theta} \frac{\partial}{\partial \phi} \right).$$

Il quadrato del momento angolare, mettendo assieme i risultati ottenuti finora, è rappresentato dal seguente operatore in coordinate sferiche

$$\hat{L}^2 = l\hbar \left(\frac{1}{\tan\theta} \frac{\partial}{\partial \theta} + \frac{\partial^2}{\partial \theta^2} + \frac{1}{\sin^2\theta} \frac{\partial^2}{\partial \phi^2} \right).$$

Per problemi centrali possiamo scrivere il quadrato dell'operatore impulso come

$$\hat{p}^2 = \hat{p}_r^2 + \frac{\hat{L}^2}{r^2} = \left(\frac{1}{2}\left(\frac{\vec{r}\cdot\hat{\vec{p}}}{r} + \frac{\hat{\vec{p}}\cdot\vec{r}}{r}\right)\right)^2 + \frac{\hat{L}^2}{r^2},$$

dove è stata esplicitata la componente radiale dell'impulso come media tra i due possibili modi di scriverla classicamente (questi modi sono classicamente identici). Infatti gli operatori di r e p (a differenza delle relative grandezze vettoriali classiche) non commutano, nel senso che è importante l'ordine con cui compaiono nel prodotto. Inoltre questo è l'unico modo di scrittura affinché la componente radiale dell'impulso sia un operatore hermitiano (in meccanica quantistica tutti gli operatori sono scelti hermitiani, in modo da avere autovalori reali che rappresentano le grandezze fisiche). Esplicitamente, ricordando l'espressione

$$\hat{\vec{p}} = -i\hbar\vec{\nabla},$$

si calcola

$$\hat{p}_r = -i\hbar\left(\frac{1}{r} + \frac{\partial}{\partial r}\right)$$

8.5 Coordinate sferiche

e
$$\hat{p}_r^2 = -\hbar^2 \left(\frac{2}{r} \frac{\partial}{\partial r} + \frac{\partial^2}{\partial r^2} \right).$$

Infine, tornando all'espressione di p decomposta in una parte radiale e una in cui compare il momento angolare, esplicitando tutti gli operatori, otteniamo

$$\hat{p}^2 = -\hbar^2 \nabla^2 = -\hbar^2 \Delta,$$

con l'operatore di Laplace espresso in coordinate sferiche.

Capitolo 9

Le relazioni di commutazione

Diamo la definizione di commutatore di due operatori. Dati due operatori A e B il loro commutatore si scrive

$$[\hat{A},\hat{B}] = \hat{A}\hat{B} - \hat{B}\hat{A},$$

mentre si definisce il loro anticommutatore come

$$\{\hat{A},\hat{B}\} = \hat{A}\hat{B} + \hat{B}\hat{A}.$$

9. Le relazioni di commutazione

Se il commutatore tra due operatori è nullo allora si dice che essi commutano. Calcoliamo esplicitamente il commutatore di alcuni operatori. Intanto osserviamo banalmente che l'operatore posizione commuta con sé stesso (ciascuna componente commuta con qualsiasi altra) e così pure per le componenti dell'operatore impulso (tra di loro). Infatti

$$[\hat{x}_i, \hat{x}_j] = \hat{x}_i \hat{x}_j - \hat{x}_j \hat{x}_i = 0$$

e

$$[\hat{p}_i, \hat{p}_j] = -\hbar^2 \left(\frac{\partial^2}{\partial_i \partial_j} - \frac{\partial^2}{\partial_j \partial_i} \right) = 0.$$

Se invece calcoliamo il commutatore tra una componente dell'operatore posizione e una componente dell'operatore impulso otteniamo (quando si calcola un commutatore occorre sempre pensarlo applicato ad una funzione generica)

$$\begin{aligned}[\hat{x}_i, \hat{p}_j]\psi &= \left[x_i, -i\hbar \frac{\partial}{\partial x_j} \right] \psi = -i\hbar x_i \frac{\partial \psi}{\partial x_j} \\ &+ i\hbar \frac{\partial (x_i \psi)}{\partial x_j} = i\hbar \frac{\partial x_i}{\partial x_j} \psi,\end{aligned}$$

da cui l'identità operatoriale

$$[\hat{x}_i, \hat{p}_j] = i\hbar \delta_{ij}.$$

Dunque per $i = j$, cioè per variabili canonicamente coniugate, il commutatore vale $i\hbar$. In generale, utilizzando la proprietà del commutatore

$$[\hat{A}, \hat{B}\hat{C}] = [\hat{A}, \hat{B}]\hat{C} + \hat{B}[\hat{A}, \hat{C}],$$

per una coppia di variabili canonicamente coniugate (che chiamiamo brevemente x e p) valgono le relazioni

$$[\hat{x}^n, \hat{p}] = i\hbar n \hat{x}^{n-1}, \quad n \in \mathbb{N}^+$$

e

$$[\hat{x}, \hat{p}^n] = i\hbar n \hat{p}^{n-1}, \quad n \in \mathbb{N}^+.$$

Inoltre, data una funzione sviluppabile in serie di potenze

$$f(x) = \sum_n a_n x^n,$$

si ha
$$[f(\hat{x}), \hat{p}] = i\hbar \frac{df(\hat{x})}{d\hat{x}},$$
come si vede ad esempio da
$$[f(\hat{x}), \hat{p}] = \sum_n a_n [\hat{x}^n, \hat{p}] = i\hbar \sum_n a_n n \hat{x}^{n-1}$$
e analogamente
$$[\hat{x}, f(\hat{p})] = i\hbar \frac{df(\hat{p})}{d\hat{p}}.$$

Sfruttando tutti questi risultati possiamo calcolare il commutatore tra il potenziale e l'impulso
$$[\hat{V}(\vec{x}), \hat{p}_i] = i\hbar \frac{\partial \hat{V}(\vec{x})}{\partial x_i}$$
e il commutatore tra la posizione e l'energia cinetica
$$[\hat{x}, \hat{T}] = \frac{[\hat{x}_i, \sum_j \hat{p}_j^2]}{2m} = \frac{[\hat{x}_i, \hat{p}_i^2]}{2m} = \frac{i\hbar \hat{p}_i}{m}.$$

Ricordiamo inoltre che vale la relazione
$$[\hat{A}, \hat{B}] = -[\hat{B}, \hat{A}].$$

Dunque le componenti di x non commutano con l'Hamiltoniana H, mentre quelle di p commutano con H solo per particolari potenziali costanti in qualche variabile x. Con calcoli analoghi a quelli fatti per ricavare il commutatore tra x e p possiamo calcolare il commutatore tra due componenti qualsiasi del momento angolare come

$$[\hat{L}_i, \hat{L}_j] = i\hbar \varepsilon_{ijk} L_k,$$

(somma sottintesa sull'indice ripetuto k) da cui, ad esempio,

$$[\hat{L}_x, \hat{L}_y] = i\hbar L_z.$$

Osserviamo che (sempre sottintendendo una somma sugli indici ripetuti)

$$\begin{aligned}[\hat{L}_i, \hat{L}^2] &= [\hat{L}_i, \hat{L}_j \hat{L}_j] = \hat{L}_j [\hat{L}_i, \hat{L}_j] + [\hat{L}_i, \hat{L}_j]\hat{L}_j \\ &= i\hbar \varepsilon_{ijk} \{\hat{L}_j, \hat{L}_k\} = 0,\end{aligned}$$

infatti il prodotto finale è sommato su j e k, dove il primo fattore (il tensore di Levi-Civita) è antisimmetrico per lo scambio di j con k, mentre il secondo fattore (l'anticommutatore) è simmetrico per lo scambio di j e k. Si può scrivere quindi

$$[\hat{L}_i, \hat{L}^2] = 0.$$

Effettuando calcoli simili, possiamo anche scrivere le seguenti relazioni

$$[\hat{L}_i, \hat{x}_j] = i\hbar \varepsilon_{ijk} \hat{x}_k,$$

$$[\hat{L}_i, \hat{p}_j] = i\hbar \varepsilon_{ijk} \hat{p}_k,$$

e

$$[\hat{L}_i, \hat{r}^2] = 0, \quad [\hat{L}_i, \hat{p}^2] = 0.$$

Capitolo 10

Il principio di indeterminazione

Iniziamo questo capitolo parlando della misura contemporanea di più osservabili. Cominciamo dicendo che due operatori hermitiani $\hat{A}$ e $\hat{B}$ ammettono un insieme comune di autofunzioni se e solo se essi commutano, cioè se e solo se il loro commutatore è nullo,

$$[\hat{A},\hat{B}] = 0.$$

Questo si traduce dicendo che due osservabili possono essere conosciute contemporaneamente, con precisione arbitraria, se gli operatori associati commutano. Il principio di indeterminazione è un teorema che mostra cosa accade se si misurano simultaneamente due osservabili che non commutano. Definiamo intanto come incertezza di una misura (su un generico stato descritto dalla funzione d'onda ψ) lo scarto quadratico medio, dato da[1]

$$\Delta A = \sqrt{\langle A^2 \rangle - \langle A \rangle^2}.$$

Per ricavare il principio di indeterminazione consideriamo due osservabili A e B che hanno associati due operatori hermitiani. Il commutatore di A e B è antihermitiano e dunque la quantità

$$i[\hat{A}, \hat{B}],$$

sarà hermitiana. Il suo valore medio, valutato in un generico stato descritto dalla funzione d'onda ψ, è reale e si scrive

$$\langle i[\hat{A}, \hat{B}] \rangle_\psi \in \mathbb{R}.$$

---

[1] omettiamo, per semplicità, il simbolo di operatore sopra la lettera corrispondente, come faremo anche in altre parti del libro.

Per il suo quadrato si può scrivere la disuguaglianza

$$\langle i[\hat{A},\hat{B}]\rangle_\psi^2 = |\langle i[\hat{A},\hat{B}]\rangle_\psi|^2 = |\langle AB\rangle_\psi - \langle BA\rangle_\psi|^2$$
$$\leq (|\langle AB\rangle_\psi| + |\langle BA\rangle_\psi|)^2 = (2|(\psi, AB\psi)|)^2,$$

infatti, essendo A e B hermitiani,

$$|\langle BA\rangle_\psi| = |(\psi, BA\psi)| = |(\psi, BA\psi)^*|$$
$$= |(BA\psi, \psi)| = |(\psi, AB\psi)|.$$

Utilizzando sempre il fatto che A e B sono hermitiani la disuguaglianza precedente diventa

$$|\langle i[A,B]\rangle_\psi|^2 \leq 4|(A\psi, B\psi)|^2 \leq 4(\psi, A^2\psi)(\psi, B^2\psi),$$

dove si è usata anche la disuguaglianza di Schwarz. Questo risultato può essere scritto come

$$|\langle i[A,B]\rangle_\psi|^2 \leq 4\langle A^2\rangle_\psi \langle B^2\rangle_\psi$$

e deve valere per ogni coppia di operatori hermitiani. Questa disuguaglianza continua dunque a valere anche effettuando le seguenti sostituzioni con due nuovi operatori hermitiani

$$A \to A - \langle A \rangle_\psi$$

e

$$B \to B - \langle B \rangle_\psi.$$

In questo caso, essendo

$$[A - \langle A \rangle_\psi, B - \langle B \rangle_\psi] = [A, B],$$

si ottiene

$$|\langle i[A,B]\rangle_\psi|^2 \le 4\langle (A - \langle A \rangle_\psi)^2 \rangle_\psi \langle (B - \langle B \rangle_\psi)^2 \rangle_\psi.$$

Osserviamo che

$$\begin{aligned}\langle (A - \langle A \rangle_\psi)^2 \rangle_\psi &= \langle A^2 \rangle_\psi + \langle A \rangle_\psi^2 - 2\langle A \rangle_\psi^2 \\ &= \langle A^2 \rangle_\psi - \langle A \rangle_\psi^2 = (\Delta A)^2,\end{aligned}$$

dunque

$$|\langle i[A,B]\rangle_\psi|^2 \le 4(\Delta A)^2 (\Delta B)^2,$$

che implica
$$|\langle i[A,B]\rangle_\psi|^2 \leq 2\Delta A \Delta B.$$

Il principio di indeterminazione, per due operatori hermitiani $\hat{A}$ e $\hat{B}$ associati alle osservabili A e B, si scrive infine come

$$\Delta A \Delta B \geq \frac{1}{2}|\langle i[A,B]\rangle_\psi|^2.$$

Un esempio particolare è quello che prende in considerazione due operatori canonicamente coniugati Q e P. Ponendo $A = Q$ e $B = P$, essendo

$$[Q,P] = i\hbar,$$

si ottiene la nota disuguaglianza

$$\Delta Q \Delta P \geq \frac{\hbar}{2}.$$

Osserviamo infine che la disuguaglianza generica

$$\Delta A \Delta B \geq \frac{1}{2}|\langle i[A,B]\rangle_\psi|^2,$$

permette che si abbia (per un particolare stato)

$$\Delta A = 0, \quad \Delta B = 0,$$

anche quando i due operatori non commutano, a patto che per quello stato valga

$$\langle [A,B] \rangle_\psi = 0.$$

Esiste anche una relazione di indeterminazione che lega energia e tempo, che ci limitiamo solo ad enunciare

$$\Delta E \, \Delta t \geq \frac{\hbar}{2}.$$

Capitolo 11

Equazioni agli autovalori

Se effettuiamo una misura su un sistema fisico descritto da una funzione d'onda otteniamo un numero reale rappresentativo della grandezza misurata. In meccanica quantistica questo numero si ottiene applicando l'operatore associato alla grandezza (che si vuole misurare) sulla funzione d'onda che descrive il sistema.

Dato un operatore A si può scrivere infatti l'equazione agli autovalori

$$\hat{A}\psi_i = a_i\psi_i,$$

dove le autofunzioni dell'operatore A (autovettori) devono essere funzioni che descrivono lo stato di un sistema fisico. L'insieme degli autovalori dell'operatore A è detto spettro di A e può essere discreto o continuo. Se ad un autovalore corrisponde un'unica autofunzione allora esso si dice non degenere, altrimenti si dice degenere di ordine n, dove n è il numero di autofunzioni linearmente indipendenti che hanno quello stesso autovalore. Per riassumere, diciamo che ad un'autofunzione corrisponde sempre un solo autovalore, mentre un autovalore può avere più autofunzioni associate (se degenere).

In meccanica quantistica si ha a che fare con operatori hermitiani perché essi godono di proprietà particolari, come accennato in precedenza, tra cui:

- gli autovalori di operatori hermitiani sono reali;
- le autofunzioni di un operatore hermitiano appartenenti ad autovalori distinti sono ortogonali.

11.1 L'operatore posizione

L'equazione agli autovalori per l'operatore posizione (ci concentriamo su una componente k-esima generica) si scrive

11.1 L'operatore posizione

come (la tilde indica l'autovalore)

$$\hat{x}\psi_{\tilde{x}_k}(x_k) = \tilde{x}\psi_{\tilde{x}_k}(x_k)$$

e, in questo caso, l'unica autofunzione che soddisfa questa equazione è la funzione generalizzata delta di Dirac che "seleziona" la posizione della particella. Questa autofunzione si scrive, a meno di una costante moltiplicativa, come

$$\psi_{\tilde{x}_k}(x_k) = \delta(x_k - \tilde{x}_k),$$

o, in tre dimensioni,

$$\psi_{\vec{\tilde{x}}}(\vec{x}) = \delta^3(\vec{x} - \vec{\tilde{x}}).$$

Osserviamo che lo spettro è continuo (non ci sono limitazioni sui valori reali che l'autovalore può assumere tra $-\infty$ e $+\infty$) e non degenere (ad ogni autovalore corrisponde una sola autofunzione).
Questa autofunzione è normalizzabile in senso lato e per gli

operatori a spettro continuo si scrive ponendo

$$\left(\psi_{\tilde{x}_k}, \psi_{\tilde{x}'_k}\right) = \delta(\tilde{x}_k - \tilde{x}'_k).$$

L'insieme delle autofunzioni forma un insieme ortonormale completo in senso lato.

11.2 L'operatore impulso

L'equazione agli autovalori per la componente x dell'operatore impulso nello spazio delle coordinate è l'equazione differenziale

$$\hat{p}_x \psi_{p_x}(x) = p_x \psi_{p_x}(x),$$

cioè

$$-i\hbar \frac{\partial}{\partial x} \psi_{p_x}(x) = p_x \psi_{p_x}(x).$$

La sua risoluzione porta a

$$\frac{d\psi_{p_x}(x)}{\psi_{p_x}(x)} = \frac{i}{\hbar} p_x dx,$$

da cui infine

$$\psi_{p_x}(x) = N e^{i p_x x / \hbar},$$

11.2 L'operatore impulso

dove N è una costante arbitraria utile per la normalizzazione. Questo risultato conferma quanto detto finora, infatti una particella libera con componente x dell'impulso fissata (dunque ben definita) ha come funzione d'onda un'onda piana. Anche in questo caso lo spettro è continuo (e senza limitazioni sull'autovalore) e non degenere. La costante N si può fissare imponendo una normalizzazione in senso lato come per l'operatore posizione, ad esempio imponendo che

$$\left(\psi_{p_x}, \psi_{p'_x}\right) = \delta(p_x - p'_x).$$

In questo caso, calcolando, si ha

$$\left(\psi_{p_x}, \psi_{p'_x}\right) = 2\pi\hbar|N|^2 \delta(p_x - p'_x),$$

da cui segue che possiamo scegliere N reale dato da

$$N = \frac{1}{\sqrt{2\pi\hbar}}.$$

Le autofunzioni diventano

$$\psi_{p_x}(x) = \frac{1}{\sqrt{2\pi\hbar}} e^{ip_x x/\hbar}$$

e, in tre dimensioni,

$$\psi_{\vec{p}}(\vec{x}) = \frac{1}{(2\pi\hbar)^{3/2}} e^{i\vec{p}\cdot\vec{x}/\hbar}.$$

Queste autofunzioni formano un insieme ortonormale completo, in senso lato, per la classe delle funzioni a quadrato sommabile. Per l'operatore vettore d'onda (o sua componente x come per l'impulso) analogamente a quanto fatto finora si ottiene l'equazione agli autovalori

$$\hat{k}_x \psi_{k_x}(x) = -i\hbar \frac{\partial}{\partial x} \psi_{k_x}(x) = k_x \psi_{k_x}(x),$$

da cui

$$\psi_{k_x}(x) = \frac{1}{\sqrt{2\pi}} e^{ik_x x}$$

e, in tre dimensioni

$$\psi_{\vec{k}}(\vec{x}) = \frac{1}{(2\pi)^{3/2}} e^{i\vec{k}\cdot\vec{x}}.$$

11.3 L'operatore $\hat{L}_z$

In coordinate polari sferiche la terza componente dell'operatore momento angolare assume la forma

$$\hat{L}_z = -i\hbar \frac{\partial}{\partial \phi}.$$

Questo operatore agisce solo sulle funzioni che dipendono dall'angolo ϕ e dunque per le sue autofunzioni deve valere la relazione

$$\psi(\phi) = \psi(\phi + 2\pi).$$

L'equazione agli autovalori per la terza componente dell'operatore momento angolare si scrive come

$$\hat{L}_z \psi(\phi) = -i\hbar \frac{\partial \psi(\phi)}{\partial \phi} = l_z \psi(\phi),$$

dove con l_z abbiamo denotato gli autovalori. Risolvendola per separazione delle variabili otteniamo

$$\frac{d\psi}{\psi} = \frac{i l_z}{\hbar} d\phi$$

e
$$\psi(\phi) = Ce^{il_z\phi/\hbar},$$

dove C è la costante d'integrazione. Applicando la condizione di periodicità scritta sopra si ottiene

$$Ce^{il_z\phi/\hbar} = Ce^{il_z(\phi+2\pi)/\hbar}$$

e dunque

$$1 = e^{2\pi il_z/\hbar},$$

da cui

$$\frac{2\pi l_z}{\hbar} = 2\pi m, \quad m \in \mathbb{Z},$$

dove m, come scritto, è un intero qualunque. Semplificando otteniamo gli autovalori quantizzati

$$l_z = m\hbar, \quad m \in \mathbb{Z}.$$

Le autofunzioni trovate sono le seguenti

$$\psi_m(\phi) = Ce^{im\phi}$$

11.3 L'operatore $\hat{L}_z$

e osserviamo che lo spettro degli autovalori è non degenere, essendoci un'autofunzione per ciascun autovalore. Per trovare la costante C mediante normalizzazione calcoliamo il prodotto scalare

$$(\psi_m, \psi_m) = |C|^2 \int_0^{2\pi} d\phi\, 1 = 2\pi |C|^2,$$

da cui

$$C = \frac{1}{\sqrt{2\pi}}.$$

In aggiunta, le autofunzioni risultano ortogonali essendo

$$(\psi_m, \psi_{m'}) = |C|^2 \int_0^{2\pi} d\phi\, e^{i(m-m')\phi} = |C|^2 2\pi \delta_{mm'}.$$

Le autofunzioni normalizzate della terza componente dell'operatore momento angolare sono, infine,

$$\psi_m(\phi) = \frac{1}{\sqrt{2\pi}} e^{im\phi},$$

dove ricordiamo che $m \in \mathbb{Z}$. Queste autofunzioni formano un insieme completo ortonormale (rispetto alle funzioni a quadrato sommabile).

Parte II

Fisica delle particelle

Capitolo 12

Introduzione

Questa seconda parte vuole essere un'introduzione alla fisica delle particelle. Gli argomenti principali sono:

- la relatività ristretta;
- la cinematica relativistica;
- le particelle elementari (quark e leptoni);
- il modello a quark;
- gli adroni;
- i raggi cosmici;
- la perdita di energia di una particella in un mezzo;
- la stranezza, la parità;
- la coniugazione di carica;

12. Introduzione

- il numero barionico e il numero leptonico;
- l'isospin;
- l'ipercarica,
- la G-parità;
- l'elicità;
- la chiralità;
- lo scattering tra particelle;
- il concetto di sezione d'urto;
- i decadimenti di particelle.

Capitolo 13

Unità naturali

In questa parte faremo uso delle cosiddette unità di misura naturali, salvo diversa indicazione, cioè si pone

$$\hbar = c = 1,$$

dunque, ad esempio,

$$\hbar c = 1, \qquad h = 2\pi.$$

L'uso di questo tipo di unità semplifica molte formule, come ad esempio

$$E_0 = mc^2 \rightarrow E_0 = m,$$

inoltre, energia e massa si misurano entrambe in elettronvolt (eV) e suoi multipli.

E' utile ricordare che la seguente relazione

$$\hbar c \approx 197 \text{ MeV fm}$$

diventa, in unità naturali,

$$1\, fm^{-1} \approx 197 \text{ MeV},$$

oppure

$$1\, MeV^{-1} \approx 197 \text{ fm}.$$

Riassumendo si hanno le seguenti unità di misura

$$[L] = [t] = \text{eV}^{-1}$$

$$[m] = [E] = \text{eV}$$

Capitolo 14

Richiami di relatività

14.1 Quadrivettori

Un quadrivettore può essere scritto, in uno spazio a 4 dimensioni, per mezzo delle sue componenti controvarianti

$$a^\mu = (a^0, a^1, a^2, a^3).$$

Il tensore metrico, in uno spazio di Minkowsky, può essere scritto come

$$\eta_{\mu\nu} = \text{diag}(+1,-1,-1,-1)$$
$$= \begin{pmatrix} +1 & 0 & 0 & 0 \\ 0 & -1 & 0 & 0 \\ 0 & 0 & -1 & 0 \\ 0 & 0 & 0 & -1 \end{pmatrix},$$

da cui il prodotto scalare tra due quadrivettori a e b

$$\begin{aligned} a \cdot b &= \sum_{\mu,\nu=0}^{3} \eta_{\mu\nu} a^\mu b^\nu = \eta_{\mu\nu} a^\mu b^\nu = a_\nu b^\nu \\ &= a^0 b^0 - a^1 b^1 - a^2 b^2 - a^3 b^3 \\ &= a^0 b^0 - \vec{a} \cdot \vec{b}, \end{aligned}$$

dove si è fatto uso della convenzione di Einstein sulla somma degli indici ripetuti e i vettori $\vec{a}$ e $\vec{b}$ si riferiscono alla sola parte spaziale di a e b, cioè, in componenti tridimensionali,

$$\vec{a} = (a^1, a^2, a^3),$$

$$\vec{b} = (b^1, b^2, b^3).$$

14.2 Trasformazioni di Lorentz

Si consideri un secondo sistema di riferimento e si indichino con un apice le coordinate di un quadrivettore rispetto ad esso. Nel primo sistema identifichiamo un evento con

$$x^\mu = (x^0, x^1, x^2, x^3),$$

mentre nel secondo con

$$x'^\mu = (x'^0, x'^1, x'^2, x'^3).$$

Una trasformazione lineare e omogenea che fa passare dal primo sistema al secondo sistema si può scrivere come

$$x'^\mu = \Lambda^\mu_\nu x^\nu, \qquad (14.2.1)$$

dove le Λ^μ_ν sono le componenti della matrice

$$\Lambda = \begin{pmatrix} \Lambda^0_0 & \Lambda^0_1 & \Lambda^0_2 & \Lambda^0_3 \\ \Lambda^1_0 & \Lambda^1_1 & \Lambda^1_2 & \Lambda^1_3 \\ \Lambda^2_0 & \Lambda^2_1 & \Lambda^2_2 & \Lambda^2_3 \\ \Lambda^3_0 & \Lambda^3_1 & \Lambda^3_2 & \Lambda^3_3 \end{pmatrix}.$$

Se questa trasformazione lascia invariato l'intervallo

$$ds^2 = dx_\sigma dx^\sigma = \eta_{\rho\sigma} dx^\rho dx^\sigma,$$

allora essa prende il nome di trasformazione di Lorentz omogenea. In questo caso possiamo scrivere

$$ds'^2 = \eta_{\mu\nu} dx'^\mu dx'^\nu = ds^2 = \eta_{\rho\sigma} dx^\rho dx^\sigma,$$

da cui, essendo [1]

$$dx'^\mu = \Lambda^\mu_\rho dx^\rho,$$

$$dx'^\nu = \Lambda^\nu_\sigma dx^\sigma,$$

si arriva a

$$\eta_{\mu\nu} \Lambda^\mu_\rho \Lambda^\nu_\sigma dx^\rho dx^\sigma = \eta_{\rho\sigma} dx^\rho dx^\sigma$$

e, infine,

$$\eta_{\mu\nu} \Lambda^\mu_\rho \Lambda^\nu_\sigma = \eta_{\rho\sigma}.$$

---

[1]le variabile mute, ovvero che si sommano, possono essere rinominate a piacere.

Questa è la condizione che devono soddisfare le matrici Λ affinché rappresentino una trasformazione di Lorentz omogenea. Osserviamo inoltre che, essendo,

$$dx'^{\mu} = \frac{\partial x'^{\mu}}{\partial x'^{\nu}} dx^{\nu},$$

si ha, dall'Eq. (14.2.1) per dx^{μ}, che

$$\frac{\partial x'^{\mu}}{\partial x'^{\nu}} dx^{\nu} = \Lambda^{\mu}_{\nu} dx^{\nu},$$

ovvero

$$\Lambda^{\mu}_{\nu} = \frac{\partial x'^{\mu}}{\partial x'^{\nu}}.$$

14.3 Cinematica relativistica

In questa sezione non faremo uso delle unità naturali, esplicitando la presenza della velocità della luce nel vuoto c. Il quadrivettore energia-impulso ha componenti

$$p^{\mu} = \left(\frac{E}{c}, \vec{p}\right) = (m\gamma c, m\gamma \vec{v}),$$

$$p_{\mu} = \eta_{\mu\nu} p^{\nu} = (E/c, -\vec{p}) = (m\gamma c, -m\gamma \vec{v})$$

con E energia, m massa, $\vec{p}$ impulso vettore e γ fattore di Lorentz dato da

$$\gamma = \frac{1}{\sqrt{1-v^2/c^2}}.$$

Si può ricavare l'invariante di Lorentz

$$p^2 = p_\mu p^\mu = m^2\gamma^2 c^2 - m^2\gamma^2\vec{v}^2 = m^2 c^2,$$

inoltre

$$p^2 = \frac{E^2}{c^2} - \vec{p}^2$$

dunque si ha la relazione, detta di mass-shell, valida per una particella libera

$$E^2 = m^2 c^4 + \vec{p}^2 c^2.$$

Per particelle di massa zero, come il fotone, l'energia si scrive

$$E = |\vec{p}|c.$$

Ricordiamo inoltre che spesso in relatività si fa uso della quantità

$$\vec{\beta} = \vec{v}/c.$$

Da quanto scritto finora si possono ricavare le seguenti relazioni, scritte in unità naturali e valide per particella libera,

$$\begin{cases} E^2 = p^2 + m^2 \\ E = \gamma m = T + m \\ p = \beta E \\ T = (\gamma - 1)m \end{cases},$$

dove T è l'energia cinetica. Combinando due di queste si ottiene anche

$$p = \gamma \beta m.$$

14.4 Massa di un sistema di particelle

La massa di un sistema di N particelle, non interagenti, ciascuna di energia E_i e impulso $\vec{p}_i$ è detta massa invariante e vale

$$m = \sqrt{\left(\sum_{i=1}^{N} E_i\right)^2 - \left(\sum_{i=1}^{N} \vec{p}_i\right)^2}.$$

Capitolo 15

Le particelle

In generale le particelle possono essere divise, a seconda che il loro spin (in unità di $\hbar$) sia intero o semi-intero, in bosoni e fermioni. Esempi di particelle a spin semi-intero, ovvero fermioni, sono i quark, i leptoni, il protone, il neutrone, i barioni. Esempi di bosoni sono il fotone, il gluone, i mesoni. I fermioni obbediscono alla cosiddetta statistica di Fermi-Dirac, mentre i bosoni alla statistica di Bose-Einstein. In particolare per i fermioni vale il principio di esclusione di Pauli, a causa della proprietà di anti-simmetria della funzione d'onda di un sistema di fermioni identici.

15.1 Particelle elementari

Il modello standard delle particelle elementari prevede, alla base della materia, sei leptoni, sei antileptoni, sei quark e sei antiquark, divisi in tre famiglie, oltre ai bosoni di gauge mediatori delle interazioni.

15.1.1 I quark

I quark sono 6: up, down, charm, strange, top, bottom più le loro 6 antiparticelle e sono divisi in doppietti

$$\begin{pmatrix} u \\ d \end{pmatrix}, \quad \begin{pmatrix} c \\ s \end{pmatrix}, \quad \begin{pmatrix} t \\ b \end{pmatrix},$$

$$\begin{pmatrix} \bar{u} \\ \bar{d} \end{pmatrix}, \quad \begin{pmatrix} \bar{c} \\ \bar{s} \end{pmatrix}, \quad \begin{pmatrix} \bar{t} \\ \bar{b} \end{pmatrix}.$$

Le proprietà dei quark sono riassunte nella Tabella 15.1.1

15.1.2 I leptoni

I leptoni sono 6: elettrone, neutrino elettronico, muone, neutrino muonico, tauone, neutrino tauonico più le loro 6 anti-

15.1 Particelle elementari

Tabella 15.1.1: *Carica e massa dei quark*

quark	Q (e)	m (MeV)
up (u)	$+2/3$	$1.7 - 3.3$
down (d)	$-1/3$	$4.1 - 5.8$
charm (c)	$+2/3$	$1180 - 1340$
strange (s)	$-1/3$	$80 - 130$
top (t)	$+2/3$	173100 ± 1300
bottom (b)	$-1/3$	$4130 - 4370$

particelle e sono divisi in doppietti

$$\begin{pmatrix} e^- \\ \nu_e \end{pmatrix}, \begin{pmatrix} \mu^- \\ \nu_\mu \end{pmatrix}, \begin{pmatrix} \tau^- \\ \nu_\tau \end{pmatrix},$$

$$\begin{pmatrix} e^+ \\ \overline{\nu}_e \end{pmatrix}, \begin{pmatrix} \mu^+ \\ \overline{\nu}_\mu \end{pmatrix}, \begin{pmatrix} \tau^+ \\ \overline{\nu}_\tau \end{pmatrix},$$

Le proprietà dei leptoni sono riassunte nella Tabella 15.1.2

15.1.3 Modello a quark

Il modello a quark prevede che mesoni e barioni siano formati da quark di valenza. Un mesone è formato da una coppia quark-antiquark, mentre un barione è formato da tre quark o antiquark. La simmetria di isospin si basa sul gruppo $SU(2)$,

Tabella 15.1.2: *Carica e massa dei leptoni*

leptone	Q (e)	m (MeV)
e^-	-1	0.511
ν_e	0	$< 0.22 \cdot 10^{-6}$
μ^-	-1	105.66
ν_μ	0	< 0.17
τ^-	-1	1777
ν_τ	0	< 15.5

il modello a quark la estende considerando il gruppo $SU(3)$ e prevede tre quark: up, down e strange. I quark hanno carica elettrica e numero barionico frazionario e non è possibile osservarli isolati. Ci sono due rappresentazioni fondamentali di dimensione tre che si indicano con **3** per i tre quark e $\overline{\mathbf{3}}$ per i rispettivi antiquark. Le due rappresentazioni sono schematizzate in figura 15.1.1 e 15.1.2.

15.2 Forze elementari

In natura ci sono quattro forze elementari mediate dai corrispondenti bosoni di gauge. Queste forze sono, in ordine di intensità:

- **forza nucleare forte**: responsabile del legame tra i quark negli adroni. Il bosone mediatore è il gluone G che ha spin

15.2 Forze elementari

Figura 15.1.1: *Rappresentazione 3 per i quark u, d, s.*

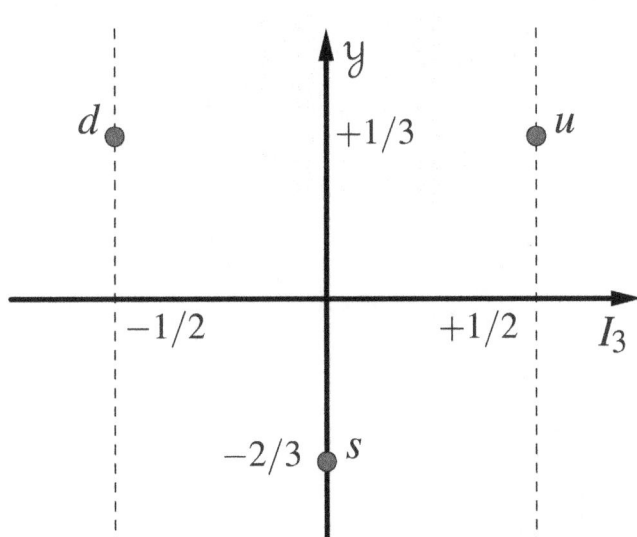

e parità $J^P = 1^-$;

- **forza elettromagnetica**: agisce su particelle con carica elettrica. Il bosone mediatore è il fotone γ che ha spin e parità $J^P = 1^-$;
- **forza nucleare debole**: agisce tra quark e leptoni ed è responsabile dei decadimenti radioattivi. I bosoni mediatori sono $W^\pm$ con spin e parità $J^P = 1^-$ e Z^0 con spin e parità $J^P = 1^+$;
- **forza gravitazionale**: agisce su tutte le particelle dotate di

Figura 15.1.2: *Rappresentazione $\bar{3}$ per i quark $\bar{u}, \bar{d}, \bar{s}$.*

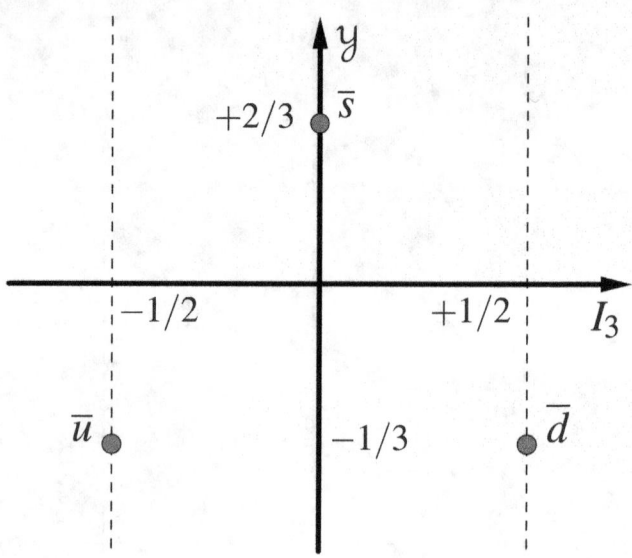

massa-energia. In fisica delle particelle è spesso trascurabile. Non è stato ancora identificato il suo bosone, detto gravitone, che avrebbe spin e parità $J^P = 2^+$.

In Tabella 15.2.1 riassumiamo il comportamento di leptoni e quark rispetto alle tre forze fondamentali che più riguardano la fisica delle particelle.

15.3 Gli adroni

In generale gli adroni sono particelle composte da quark (q) o antiquark ($\bar{q}$). Essi si dividono principalmente in mesoni

15.3 Gli adroni

Tabella 15.2.1: *Interazioni e particelle elementari*

particella	int. forte	int. em	int. debole
quark	SI	SI	SI
leptoni carichi	NO	SI	SI
leptoni neutri	NO	NO	SI

($q\bar{q}$) e barioni (qqq oppure $\overline{qqq}$).

15.3.1 I mesoni

I mesoni sono particelle non elementari chiamate inizialmente in questo modo perché i primi ad essere scoperti avevano una massa compresa tra quella dell'elettrone e quella del protone. Hanno spin intero e sono dunque bosoni. Nel modello a quark sono formati da un quark e da un antiquark, cioè $q\bar{q}$ e dunque appartengono ai multipletti che si formano dal prodotto delle rappresentazioni

$$3 \otimes \bar{3} = 1 \oplus 8,$$

cioè formano un ottetto e un singoletto. Nello stato fondamentale, in onda S ($L=0$), si possono avere mesoni $J^P = 0^-$ oppure $J^P = 1^-$. I primi sono rappresentati in Figura 15.3.1, mentre i secondi in Figura 15.3.2.

Figura 15.3.1: *Nonetto dei mesoni $J^P = 0^-$, detti mesoni pseudoscalari.*

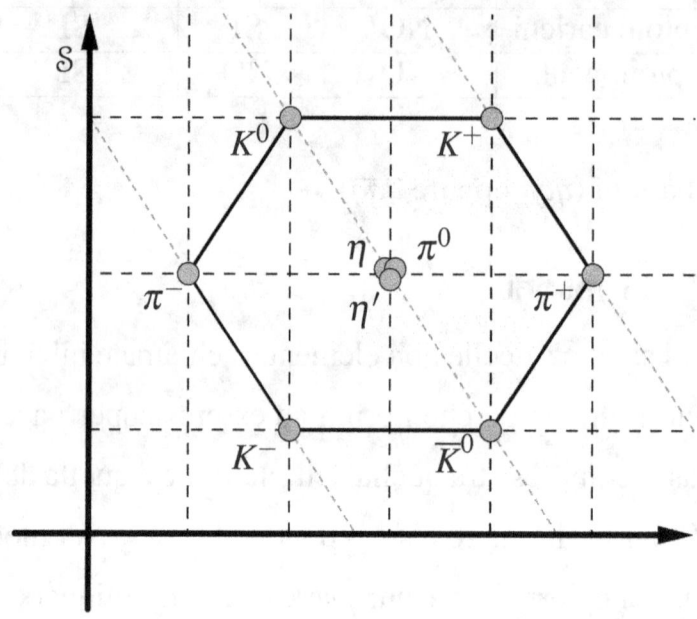

15.3.2 Il mesone di Yukawa

Yukawa predisse che la forza nucleare forte che teneva uniti protoni e neutroni nel nucleo avesse un potenziale, detto potenziale di Yukawa, del tipo

$$\Phi(r) = \frac{g_0}{4\pi r} e^{-\frac{mc}{\hbar}r}$$

15.3 Gli adroni

Figura 15.3.2: *Nonetto dei mesoni $J^P = 1^-$, detti mesoni vettore.*

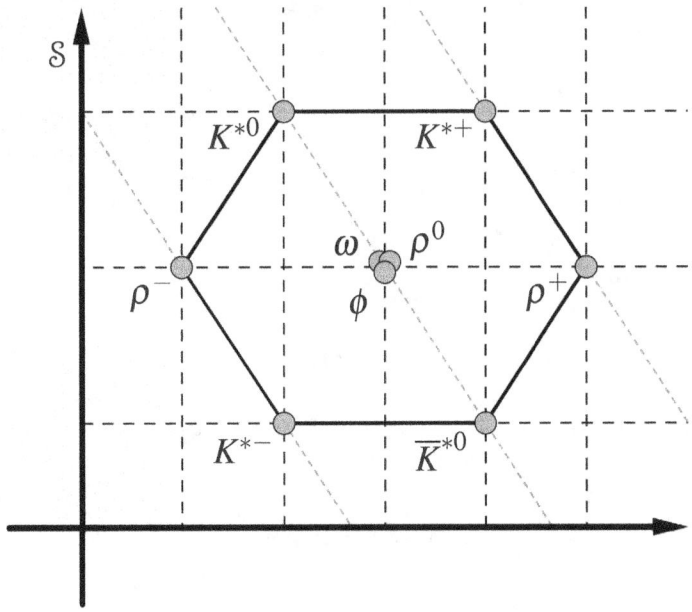

con g_0 costante e m massa del bosone mediatore. Per il raggio di interazione r_0 e la massa del bosone si possono scrivere

$$r_0 \approx c\Delta t,$$

$$\Delta E \approx mc^2.$$

Dal principio di indeterminazione

$$\Delta E \Delta t \approx \hbar$$

si ha

$$mc\, r_0 \approx \hbar,$$

da cui la massa

$$m \approx \frac{\hbar}{cr_0}.$$

Se consideriamo un'interazione a corto range

$$r_0 \approx 1-2 \text{ fm},$$

otteniamo

$$m \approx 100 - 200 \text{ MeV}/c^2$$

come valore della massa del mesone mediatore.

15.3.3 I barioni

I barioni sono particelle non elementari e sono formati da tre quark o da tre antiquark. Hanno spin semi-intero e sono dunque fermioni. Nel modello a quark i barioni sono rappresentati da *qqq* e appartengono dunque ai multipletti che si

15.3 Gli adroni

formano dal prodotto delle rappresentazioni

$$3 \otimes 3 \otimes 3 = 1_A \oplus 8_{MA} \oplus 8_{MS} \oplus 10_S,$$

ovvero formano degli otteti, un singoletto e un decupletto. I barioni con $J^P = 1/2^+$ sono rappresentati in Figura 15.3.3, mentre quelli con $J^P = 3/2^+$ sono rappresentati in Figura 15.3.4.

Figura 15.3.3: *Ottetto dei barioni $J^P = 1/2^+$.*

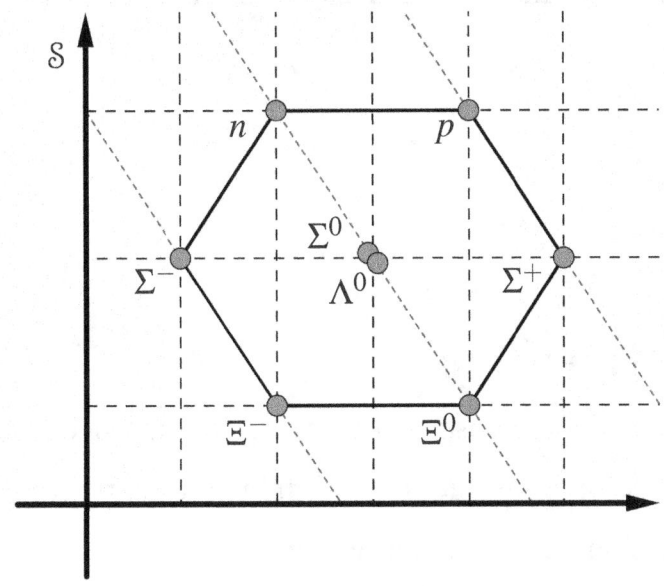

Figura 15.3.4: *Decupletto dei barioni $J^P = 3/2^+$.*

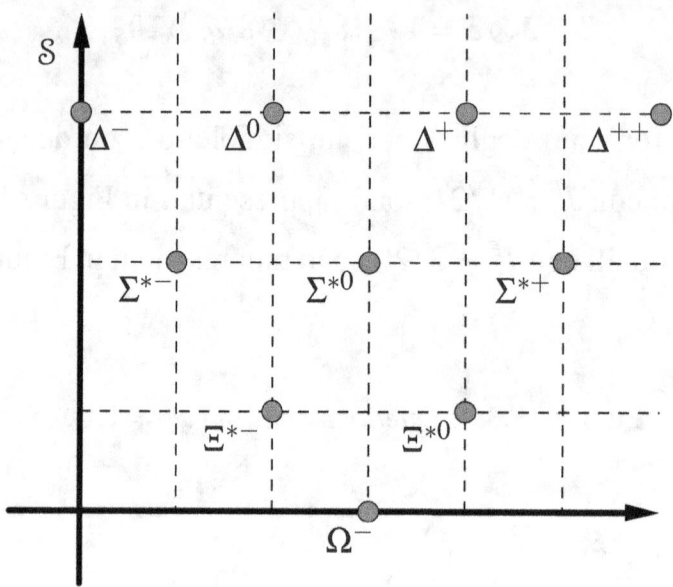

15.4 I nucleoni

I nucleoni sono i costituenti del nucleo atomico e sono il protone p e il neutrone n. Entrambi sono barioni e la loro composizione in quark è la seguente

$$p = uud, \qquad n = udd.$$

La carica elettrica del protone è globalmente +1 (in cariche elementari e) e quella del neutrone 0. Le loro proprietà principali sono riportate in Tabella 15.4.1. La vita media del

Tabella 15.4.1: *I nucleoni: carica, massa e vita media.*

nome e simbolo	Q (e)	m (MeV)	τ (s)
protone p^+	+1	938.27	∞
neutrone n	0	939.56	887

protone libero può considerarsi infinita, infatti esso non può decadere a causa della conservazione del numero barionico, essendo il barione più leggero.

15.5 I raggi cosmici

Le particelle che provengono dallo spazio e che interagiscono con la nostra atmosfera vengono dette raggi cosmici. I raggi cosmici sono composti prevalentemente da protoni (85%), particelle α (12%) o elettroni (2%). La particella α è uno stato legato di due protoni e due neutroni (un nucleo di elio $^4_2$He). Le particelle dei raggi cosmici possiedono varie energie e il flusso decresce con l'aumentare della loro energia. Le collisioni dei raggi cosmici con l'atmosfera terrestre producono altre particelle che, a loro volta, decadono o collidono con altre particelle e, sotto l'atmosfera, si creano i cosiddetti sciami di particelle.

15.6 Il pione

Il pione, π, è un mesone composto da un quark u o d e dal corrispondente antiquark. Esistono i pioni π^+, π^- e π^0 e le loro proprietà sono riassunte in Tabella 15.6.1. In genere il

Tabella 15.6.1: *Il pione: carica, massa e vita media.*

nome e simbolo	Q (e)	m (MeV)	τ (μs)
pione π^+	+1	139.57	$2.6 \cdot 10^{-2}$
antipione π^-	-1	139.57	$2.6 \cdot 10^{-2}$
pione $\pi^0 = \overline{\pi}^0$	0	134.98	$8.4 \cdot 10^{-11}$

pione carico decade debolmente in muoni e neutrini muonici oppure in elettroni e neutrini elettronici, mentre il pione neutro decade elettromagneticamente in fotoni e eventualmente coppie leptone-antileptone, come ad esempio

$$\pi^+ \to \mu^+ + \nu_\mu,$$
$$\pi^- \to \mu^- + \overline{\nu}_\mu,$$
$$\pi^+ \to \mu^+ + \nu_\mu,$$
$$\pi^- \to \mu^- + \overline{\nu}_\mu,$$
$$\pi^0 \to \gamma + \gamma,$$
$$\pi^0 \to \gamma + e^+ + e^-.$$

15.7 Il muone

Il muone è una particella elementare e fa parte dei leptoni. Le sue proprietà sono riassunte in Tabella 15.7.1.

Tabella 15.7.1: *Il muone: carica, massa e vita media.*

nome e simbolo	Q (e)	m (MeV)	τ (μs)
muone μ^-	-1	105.66	2.2
antimuone μ^+	$+1$	105.66	2.2

15.8 Particelle con stranezza

Intorno alla metà dello scorso secolo furono osservate particelle dal comportamento anomalo. Ad esempio, alcune di esse venivano prodotte sempre in coppia, oppure alcune particelle che sembrava decadessero tramite interazione forte, avevano una vita media troppo lunga, non compatibile con questo tipo di decadimento. A queste particelle fu dato il nome di particelle strane e si introdusse un nuovo numero quantico, la stranezza, che veniva conservato nelle interazioni elettromagnetiche e in quelle forti. Le particelle erano prodotte in coppie tramite interazione forte per conservare la stranezza.

La stranezza è legata alla presenza del quark s nella loro composizione in quark.

15.8.1 I kaoni

Alcune di queste particelle con stranezza sono chiamate mesoni K o kaoni e le loro proprietà sono mostrate in Tabella 15.8.1.

Tabella 15.8.1: *I kaoni: carica, massa, vita media e stranezza.*

simbolo	Q (e)	m (MeV)	τ (ps)	S
K^+	+1	494	12	+1
K^-	−1	494	12	−1
K^0	0	498	n.d.	+1
$\overline{K}^0$	0	498	n.d.	−1

15.8 Particelle con stranezza

15.8.2 Gli iperoni

Altre particelle con stranezza sono gli iperoni, le cui proprietà sono mostrate in Tabella 15.8.2

Tabella 15.8.2: *Gli iperoni: carica, massa, vita media e stranezza.*

simbolo	Q (e)	m (MeV)	τ (ps)	S
Λ	0	1116	263	-1
Σ^+	$+1$	1189	80	-1
Σ^-	-1	1197	148	-1
Σ^0	0	1193	$7.4 \cdot 10^{-8}$	-1
Ξ^-	-1	1321	164	-2
Ξ^0	0	1315	290	-2

Capitolo 16

Perdita di energia

16.1 Perdita di energia per ionizzazione

Una particella carica relativistica, di massa molto maggiore di quella dell'elettrone m_e, che attraversa la materia, interagisce con gli elettroni atomici e perde energia. Si formano coppie ione-elettrone lungo il percorso della particella che possono essere rivelate. L'energia media persa per ionizzazione per unità di percorso di una particella con carica elettrica z si può approssimare dalla formula di Bethe-Bloch (Bethe

1930), cioè

$$\frac{dE}{dx} = K\frac{\rho Z}{A}\frac{z^2}{\beta^2}\ln\left(\frac{2c^2\gamma^2 m_e - I}{I}\beta^2\right), \qquad (16.1.1)$$

dove ρ, Z e A sono, rispettivamente, la densità, il numero atomico e il numero di massa del mezzo attraversato, K è la costante

$$K = \frac{4\pi(\alpha\hbar c)^2 N_A(10^3\,kg)}{m_e c^2} = 30.7\,\text{keV}\,\text{m}^2\,\text{kg}^{-1}$$

e I è un potenziale medio di ionizzazione che può essere approssimato con

$$I \approx 12 \cdot Z$$

se $Z > 20$.

16.2 Perdita di energia di un elettrone

Nel caso in cui un elettrone (o un positrone) attraversi la materia, non si può più utilizzare la formula di Eq. (16.1.1). Infatti, avendo l'elettrone una massa m_e piccola, esso perde energia, oltre che per ionizzazione, anche per bremsstrahlung nel campo coulombiano dei nuclei della materia che attraversa. Detto N un nucleo, possiamo scrivere

$$e^- + N \to e^- + N + \gamma,$$

oppure

$$e^+ + N \to e^+ + N + \gamma,$$

la probabilità, per una particella carica, di emettere un fotone è proporzionale alla sua accelerazione al quadrato e dunque questo fenomeno risulta maggiore in prossimità di un nucleo. Il fenomeno è maggiore nei materiali che possiedono un numero atomico Z grande. Dato un materiale, si definisce la sua lunghezza di radiazione L la distanza per cui per la perdita di energia vale

$$\frac{dE}{E} = -\frac{dx}{L}.$$

16.3 Perdita di energia di un fotone

A energie di qualche decina di eV un fotone perde energia principalmente per effetto fotoelettrico sugli elettroni atomici. Quando l'energia raggiunge qualche keV predomina invece l'effetto Compton. Poco dopo il superamento del MeV il canale dominante diventa la creazione di coppie e^+e^-, processo che, dato un nucleo N, si può scrivere come

$$\gamma + N \to e^+ + e^- + N.$$

16.4 Perdita di energia di un adrone

Adroni ad alta energia che attraversano la materia non perdono energia solo per ionizzazione, infatti essi possono interagire con i nuclei degli atomi del materiale attraversato tramite interazione forte. Si può definire la lunghezza di collisione λ_0 di un materiale come la distanza oltre la quale un fascio di neutroni vengono attenuati di un fattore $1/e$ nel materiale.

Capitolo 17

Numeri quantici e simmetrie

17.1 La stranezza S

La stranezza è un numero quantico posseduto dalle particelle. Le particelle dette strane sono quelle per cui $S \neq 0$ e contengono almeno un quark strange s (di stranezza $+1$) o il suo antiquark $\bar{s}$ (di stranezza -1). Le prime particelle strane rivelate sono stati i mesoni K, detti kaoni, e gli iperoni. Le interazioni che conservano la stranezza sono quella nucleare forte e quella elettromagnetica.

17.2 La parità P

L'operazione di parità $\hat{P}$ consiste nell'inversione dei tre assi cartesiani spaziali. Questa operazione inverte le coordinate e lascia invariato il tempo, ovvero

$$\vec{r} \to -\vec{r}, \qquad t \to t,$$

dunque per il momento, il momento angolare e lo spin si hanno

$$\vec{p} \to -\vec{p},$$
$$\vec{r} \times \vec{p} \to \vec{r} \times \vec{p},$$
$$\vec{s} \to \vec{s}.$$

Uno stato ha una certa parità P solo se è un autostato dell'operatore parità $\hat{P}$. Una singola particella può essere in un autostato di $\hat{P}$ solo se è in quiete e in questo caso P è detta parità intrinseca, essa può essere un numero reale o un numero immaginario puro. Per bosoni e antibosoni la parità intrinseca è la stessa, mentre per fermioni e antifermioni vale

$$P_f P_{\bar{f}} = -1$$

e dunque è opposta se è un numero reale, la stessa se è un numero immaginario.

17.3 Parità del fotone

Per il fotone si ha parità $P = -1$ e $J = 1$, in notazione J^P si scrive

$$J^P = 1^-.$$

17.4 Parità di un sistema di due particelle

La parità di un sistema, con momento angolare orbitale l, di due particelle con parità intrinseca P_1 e P_2 è

$$P_{(2\,particelle)} = P_1 P_2 (-1)^l.$$

Se si tratta di un bosone b e un antibosone $\bar{b}$ sappiamo che $P_b = P_{\bar{b}}$ e dunque

$$P_{(b\bar{b})} = (-1)^l,$$

mentre, per un fermione f e un antifermione vale $\overline{f}\, P_f P_{\overline{f}} = -1$ e quindi

$$P_{(f\overline{f})} = (-1)^{l+1}.$$

17.5 La coniugazione di carica C

L'operatore di coniugazione particella-antiparticella, o coniugazione di carica, $\hat{C}$, agendo su uno stato a una particella, cambia la particella con la sua antiparticella. Applicando due volte l'operatore $\hat{C}$ in uno stato si ha lo stato iniziale e dunque i possibili autovalori sono $C = \pm 1$. L'applicazione di $\hat{C}$ cambia la carica di una particella, dunque eventuali autostati di $\hat{C}$ devono essere particelle neutre. Gli autostati di $\hat{C}$ sono particelle che coincidono con la loro antiparticella, come il fotone e il pione neutro π^0.

17.6 Coniugazione di carica del fotone

Per il fotone si ha

$$\hat{C}|\gamma\rangle = -|\gamma\rangle.$$

Per uno stato di n fotoni si ha

$$\hat{C}|n\gamma\rangle = (-1)^n|n\gamma\rangle.$$

17.7 Coniugazione di carica del pione

L'interazione elettromagnetica conserva $\hat{C}$ e dunque dal decadimento

$$\pi^0 \to \gamma + \gamma$$

si può scrivere

$$\hat{C}|\pi^0\rangle = +|\pi^0\rangle.$$

I pioni carichi non sono autostati di $\hat{C}$, infatti

$$\hat{C}|\pi^-\rangle = |\pi^+\rangle,$$

$$\hat{C}|\pi^+\rangle = |\pi^-\rangle.$$

17.8 L'inversione temporale T

L'operatore di inversione temporale $\hat{T}$ inverte il tempo.

17.9 Teorema CPT

Il teorema CPT afferma che se una teoria di campi interagenti è invariante sotto il gruppo proprio di Lorentz allora sarà invariante anche sotto la combinazione delle tre operazioni $\hat{C}$, $\hat{P}$ e $\hat{T}$ in qualsiasi ordine.

17.10 Numero barionico

Il numero barionico $\mathcal{B}$ di uno stato è definito come il numero di barioni meno il numero degli antibarioni

$$\mathcal{B} = \#(\text{barioni}) - \#(\text{antibarioni}).$$

Tutte le interazioni conosciute conservano il numero barionico.

17.11 Numero leptonico

Il numero leptonico totale, o semplicemente numero leptonico, $\mathcal{L}$ di uno stato è definito come il numero di leptoni meno il numero degli antileptoni

$$\mathcal{L} = \#(\text{leptoni}) - \#(\text{antileptoni}).$$

Si possono definire anche i tre numeri leptonici parziali: numero elettronico $\mathcal{L}_e$, il numero muonico $\mathcal{L}_\mu$ e il numero tauonico $\mathcal{L}_\tau$. Le loro definizioni sono

$$\mathcal{L}_e = \left(\#(e^-) + \#(\nu_e)\right) - \left(\#(e^+) + \#(\overline{\nu}_e)\right),$$

$$\mathcal{L}_\mu = \Big(\#(\mu^-)+\#(\nu_\mu)\Big) - \Big(\#(\mu^+)+\#(\overline{\nu}_\mu)\Big),$$

$$\mathcal{L}_\tau = \Big(\#(\tau^-)+\#(\nu_\tau)\Big) - \Big(\#(\tau^+)+\#(\overline{\nu}_\tau)\Big)$$

e si ha

$$\mathcal{L} = \mathcal{L}_e + \mathcal{L}_\mu + \mathcal{L}_\tau.$$

Tutte le interazioni conosciute conservano il numero leptonico totale.

17.12 Isospin

Le forze nucleari sono indipendenti dalla carica elettrica infatti, ad esempio, il protone e il neutrone possono essere considerati come due stati della stessa particella, il nucleone. Si può introdurre il numero quantico per la forza nucleare forte, lo spin isotopico, detto isospin, che segue le regole formali di un momento angolare. L'isospin del nucleone è dunque $I = 1/2$ e le due terze componenti $I_3 = +1/2$ e $I_3 = -1/2$ corrispondono, rispettivamente, al protone e al neutrone che formano un doppietto di isospin. Tutte le particelle di un multipletto devono avere stessa massa, stesso spin e stessa parità. La differenza di massa del protone e del neutrone è data solo da effetti elettromagnetici, escludendoli essi avrebbero la stessa massa. Il pione ha isospin 1 e dunque esistono tre stati corrispondenti alle tre terze componenti $+1, -1, 0$. Questi sono, rispettivamente, il pione carico π^+, l'antipione carico π^- e il pione neutro (o antipione neutro, infatti sono la stessa particella) π^0.

17.13 Ipercarica

Possiamo introdurre l'ipercarica $\mathcal{Y}$ definita inizialmente come

$$\mathcal{Y} = \mathcal{B} + \mathcal{S},$$

ovvero come somma del numero barionico e della stranezza. In particolare per i mesoni, essendo $\mathcal{B}_{mesoni} = 0$ si ha

$$\mathcal{Y}_{mesoni} = \mathcal{S}_{mesoni}.$$

17.14 Relazione di Gell-Mann e Nishijima

La relazione di Gell-Mann e Nishijima lega la terza componente dell'isospin I_3, la carica elettrica Q e l'ipercarica $\mathcal{Y}$ nel modo seguente

$$Q = I_3 + \frac{\mathcal{Y}}{2}.$$

Ad esempio per il neutrone si ha

$$\underbrace{0}_{Q} = \underbrace{-1/2}_{I_3} + \frac{1}{2} \cdot \underbrace{1}_{y},$$

mentre per il protone

$$\underbrace{+1}_{Q} = \underbrace{+1/2}_{I_3} + \frac{1}{2} \cdot \underbrace{1}_{y}.$$

17.15 La G-parità

La G−parità è definita come

$$\hat{G} = e^{-i\pi I_2}\hat{C},$$

dove $\hat{C}$ è l'operatore coniugazione di carica e I_2 la componente y dell'isospin. Per un pione qualsiasi (π^+, π^-, π^0) si ha

$$\hat{G}|\pi\rangle = -|\pi\rangle,$$

e dunque $G = -1$, mentre per un sistema di n_π pioni

$$\hat{G}|n_\pi \pi\rangle = (-1)^{n_\pi}|n_\pi \pi\rangle$$

e quindi $G = (-1)^{n_\pi}$.

17.16 Elicità

Per una particella fermionica si definiscono stati di elicità gli autostati dell'operatore elicità

$$\frac{\vec{p} \cdot \vec{\sigma}}{2p},$$

dove $\vec{p}$ è l'impulso della particella, p il suo modulo e $\vec{\sigma}$ l'operatore legato allo spin della particella, in termini dalle matrici di Pauli. Solo per fermioni di massa nulla l'elicità sarebbe un invariante di Lorentz.

17.17 Chiralità

Gli stati di chiralità per una particella fermionica sono gli autostati della matrice di Dirac γ_5. I possibili autovalori sono ± 1 e si dicono stato R (right) se $+1$ e stato L (left) se -1. Si possono definire due proiettori degli stati R e L della chiralità in questo modo

$$\hat{P}_R = \frac{1}{2}(1 - \gamma_5)$$

e

$$\hat{P}_L = \frac{1}{2}(1 + \gamma_5).$$

17.17 Chiralità

Dunque i due stati sono

$$\psi_R = \frac{1}{2}(1-\gamma_5)\psi$$

e

$$\psi_L = \frac{1}{2}(1+\gamma_5)\psi,$$

dove ψ è soluzione dell'equazione di Dirac. Solo gli stati L contribuiscono alle interazioni di corrente carica debole. La chiralità è un buon numero quantico per un fermione libero se esso ha massa nulla. Talvolta, ad alte energie, si può trascurare la massa di un fermione e utilizzare la chiralità come buon numero quantico.

Capitolo 18

Scattering e decadimenti

18.1 Sistemi di riferimento

Il calcolo di molte grandezze può dipendere dal sistema di riferimento scelto. Le trasformazioni che fanno passare da un sistema ad un altro sono quelle di Lorentz. Alcune grandezze sono Lorentz-invarianti e dunque il calcolo in qualsiasi sistema di riferimento produce lo stesso risultato. Si sceglie in questo caso il sistema in cui i calcoli sono più semplici. I due sistemi di riferimento più usati sono quello del laboratorio e quello del centro di massa (CM). Nel sistema del centro di massa la somma di tutti i tri-vettori impulso $\vec{p}_i$ delle particelle è per definizione zero. Le grandezze nel centro di massa vengono indicate, in genere, con un asterisco. In figura 18.1.1 è mostrato uno schema con i due sistemi per due particelle.

Figura 18.1.1: *Sistema del laboratorio e del centro di massa (CM) per due particelle a,b.*

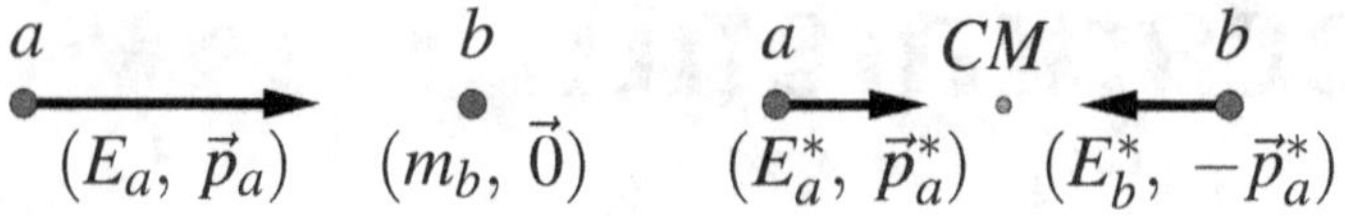

$$a \qquad b \qquad a \quad CM \quad b$$
$$(E_a, \vec{p}_a) \quad (m_b, \vec{0}) \quad (E_a^*, \vec{p}_a^*) \quad (E_b^*, -\vec{p}_a^*)$$

18.2 Grandezza s

Dato un sistema di N particelle, non interagenti, ciascuna di energia E_i e impulso $\vec{p}_i$ si definisce la grandezza s, invariante di Lorentz, come il quadrato della massa invariante

$$s = m^2 = \left(\sum_{i=1}^{N} E_i\right)^2 - \left(\sum_{i=1}^{N} \vec{p}_i\right)^2.$$

18.2 Grandezza s

Nel sistema del centro di massa si ha, indicando con un asterisco le grandezze ad esso riferite,

$$s = \left(\sum_{i=1}^{N} E_i^*\right)^2. \qquad (18.2.1)$$

Da qui si vede anche che la massa invariante di un sistema di N particelle non interagenti è data dalla sua energia nel centro di massa E^* con

$$m = \sum_{i=1}^{N} E_i^*.$$

Consideriamo un sistema di due particelle libere ($N=2$), nel sistema del laboratorio, detti $\vec{p}_1, \vec{p}_2$ gli impulsi e E_1, E_2 le energie si ha

$$s = (E_1 + E_2)^2 - (\vec{p}_1 + \vec{p}_2)^2,$$

ovvero

$$s = E_1^2 + E_2^2 + 2E_1 E_2 - p_1^2 - p_2^2 - 2\vec{p}_1 \vec{p}_2,$$

con $p_i = |\vec{p}_i|$. Usando la relazione di mass-shell

$$E_i^2 = m_i^2 + p_i^2,$$

si ha

$$\begin{aligned} s &= m_1^2 + m_2^2 + 2E_1E_2\left(1 - \frac{\vec{p}_1\,\vec{p}_2}{E_1\,E_2}\right) \\ &= m_1^2 + m_2^2 + 2E_1E_2\left(1 - \vec{\beta}_1\vec{\beta}_2\right), \end{aligned}$$

essendo $\vec{\beta}_i = \vec{p}_i/E_i$. Riassumendo, la quantità s può essere scritta dunque nei due modi equivalenti

$$s = m_1^2 + m_2^2 + 2(E_1E_2 - \vec{p}_1\vec{p}_2), \qquad (18.2.2)$$

oppure

$$s = m_1^2 + m_2^2 + 2E_1E_2\left(1 - \vec{\beta}_1\vec{\beta}_2\right). \qquad (18.2.3)$$

18.3 Variabili di Mandelstam

Per un processo di scattering del tipo

$$a + b \rightarrow c + d,$$

si possono definire tre variabili, dette variabili di Mandelstam, che sono Lorentz invarianti e sono chiamate s, t, u. Siano p_a, p_b, p_c e p_d i quadrimomenti delle quattro particelle. La variabile s è stata appena introdotta

$$s = m^2 = (p_a + p_b)^2 = (p_c + p_d)^2,$$

le altre due sono definite come

$$t = (p_a - p_c)^2 = (p_b - p_d)^2,$$

$$u = (p_a - p_d)^2 = (p_b - p_c)^2.$$

Si ha inoltre

$$s + t + u = m_a^2 + m_b^2 + m_c^2 + m_d^2,$$

dove i quattro termini a secondo membro sono i quadrati delle masse delle quattro particelle.

18.4 Scattering elastico a due corpi

Uno scattering elastico tra due particelle, dette a e b, si può scrivere come

$$a + b \to a + b$$

ovvero gli stati iniziale e finale contengono le stesse particelle. Il tempo speso per l'interazione è molto piccolo rispetto ai tempi in cui si misurano gli stati iniziale e finale, dunque le particelle possono essere considerate libere in entrambi i casi. Supponiamo che nello stato iniziale, nel sistema del laboratorio, la particella b, di massa m_b sia in quiete, mentre la particella a, di massa m_a, abbia impulso $\vec{p}_a$, energia E_a e sia diretta verso b. Intanto l'energia di b nello stato iniziale è

$$E_b = \sqrt{p_b^2 + m_b^2} = m_b,$$

dunque s si scrive, usando l'Eq. (18.2.2) con $\vec{p}_a \vec{p}_b = 0$ e $E_b = m_b$,

$$s = m_a^2 + m_b^2 + 2m_b E_a.$$

Per la conservazione di energia e impulso, s è la stessa sia nello stato iniziale sia in quello finale. Osserviamo che se la particella a è abbastanza energetica, ovvero se $E_a \gg \max(m_a, m_b)$, allora

$$s \approx 2m_b E_a. \qquad (18.4.1)$$

18.4 Scattering elastico a due corpi

Se facciamo lo stesso calcolo nel centro di massa, dove

$$\vec{p}_a^* = -\vec{p}_b^*$$

e

$$p_a^* = p_b^* = p^*,$$

usando l'Eq. (18.2.1), si ottiene

$$s = (E_a^* + E_b^*)^2 = E_a^{*2} + E_b^{*2} + 2E_a^* E_b^*. \qquad (18.4.2)$$

In questo caso abbiamo, dalla relazione di mass-shell, possiamo scrivere

$$E_a^{*2} = p_a^{*2} + m_a^2 = p^{*2} + m_a^2,$$

$$E_b^{*2} = p_b^{*2} + m_b^2 = p^{*2} + m_b^2,$$

$$E_a^* E_b^* = \sqrt{(p^{*2} + m_a^2)(p^{*2} + m_b^2)},$$

da cui

$$s = 2p^{*2} + m_a^2 + m_b^2 \\ + 2\sqrt{(p^{*2} + m_a^2)(p^{*2} + m_b^2)}.$$
(18.4.3)

Se supponiamo che $m_i \ll E_i^*$ per $i = a, b$, dalle relazioni di mass-shell appena scritte si hanno

$$E_a^* \approx p^*,$$

$$E_b^* \approx p^*,$$

e dunque

$$E^* := E_a^* \approx E_b^* \approx p^*.$$

L'Eq. (18.4.2) (o equivalentemente l'Eq. (18.4.3)) diventa, con queste considerazioni,

$$s \approx (2E^*)^2.$$

Riassumendo, se si analizza un processo di scattering su un bersaglio fisso, cioè si considera una particella a con energia

E_a che urta una particella b ferma, allora l'energia del centro di massa disponibile si ottiene dall'Eq. (18.4.1), ovvero

$$m = \sqrt{s} \approx \sqrt{2m_b}\sqrt{E_a},$$

che risulta proporzionale alla radice quadrata dell'energia di a. Se invece si considera lo stesso scattering nel centro di massa, tra particelle di energia E^* ciascuna e in collisione con impulsi opposti, il calcolo precedente fornisce l'energia disponibile

$$m = \sqrt{s} \approx 2E^*,$$

che è invece proporzionale all'energia di ciascuna particella.

18.5 Regola d'oro di Fermi

Supponiamo di avere un sistema in un autostato iniziale $|i\rangle$ di una Hamiltoniana H_0. Supponiamo di introdurre una Hamiltoniana H_p di perturbazione in aggiunta a H_0. La probabilità per unità di tempo che avvenga la transizione dallo stato iniziale a quello finale $|f\rangle$ è data, al primo ordine perturbativo, da

$$W_{i \to f} = 2\pi \left| \langle f | H_p | i \rangle \right|^2 \rho(E),$$

dove $\rho(E)$ è la densità dello stato finale di energia E, detta anche spazio delle fasi. In genere si pone anche

$$\langle f|H_p|i\rangle = \mathcal{M}_{fi}.$$

Lo spazio delle fasi per una transizione in cui ci sono n particelle nello stato finale è data da

$$\begin{aligned}\rho_n(E) &= (2\pi)^4 \int \prod_{i=1}^{n} \frac{d^3 p_i}{2E_i(2\pi)^3} \\ &\quad \cdot \delta\left(\sum_{i=1}^{n} E_i - E\right) \cdot \delta^3\left(\sum_{i=1}^{n} \vec{p}_i - \vec{P}\right),\end{aligned}$$

dove le funzioni generalizzate delta di Dirac garantiscono la conservazione di energia e impulso.

18.6 Sezione d'urto

Supponiamo di avere un fascio di particelle che urta un materiale. Sia v_p il modulo della velocità del fascio e sia n_p la sua densità. Sia S_b la superficie del bersaglio esposta perpendicolarmente al fascio, L_b il suo spessore e N_b il numero di particelle bersaglio (centri di scattering). La probabilità che

18.6 Sezione d'urto

una particella subisca un urto con il bersaglio è data da

$$\mathcal{P} = \frac{\text{area urto effettiva}}{\text{area del materiale}} = \frac{N_b \sigma}{S_b}$$

dove σ è l'area effettiva di urto con una sola particella bersaglio ed è detta sezione d'urto. Se il fascio è composto da N_p particelle, il numero di particelle che interagiscono, detto numero di eventi, è dato da

$$N_e = N_p \mathcal{P} = \frac{N_b N_p \sigma}{S_b}.$$

Il flusso di particelle proiettile è dato da

$$\Phi_p = \frac{dN_p}{dSdt} = \frac{v_p dN_p}{dSdx_p}$$

$$= \frac{n_p v_p dV}{dSdx_p} = \frac{n_p v_p dSdx_p}{dSdx_p} = n_p v_p.$$

Possiamo scrivere il numero di particelle proiettile N_p che arrivano sul materiale bersaglio di area S_b in un tempo Δt come

$$N_p = \Phi_p S_b \Delta t,$$

dunque il numero di eventi si scrive

$$N_e = \frac{N_b \Phi_p S_b \sigma \Delta t}{S_b} = N_b \Phi_p \sigma \Delta t.$$

Definiamo il numero totale di eventi (interazioni) per unità di tempo come

$$R = \frac{N_e}{\Delta t},$$

da cui la sezione d'urto

$$\sigma = \frac{R}{N_b \Phi_p}. \qquad (18.6.1)$$

Si può scrivere anche

$$R = N_b W$$

dove W è il rate per particella nel materiale. In genere W si può ottenere dalla regola d'oro di Fermi. Si ha

$$\sigma = \frac{W}{\Phi_p} \qquad (18.6.2)$$

18.6 Sezione d'urto

e possiamo scrivere

$$\sigma = \int \frac{d\sigma}{d\Omega} d\Omega.$$

La quantità

$$\frac{d\sigma}{d\Omega}$$

è detta sezione d'urto differenziale e

$$d\Omega = \cos\theta d\theta d\phi$$

è l'angolo solido infinitesimo.

18.6.1 Diminuzione intensità del fascio

Se l'intensità del fascio nella posizione x del suo percorso è $I(x)$ possiamo trovare un'espressione esplicita che tiene conto della diminuzione dovuta all'attraversamento del materiale. Sia I_0 l'intensità del fascio iniziale, per un attraversamento dx del materiale sia dR il numero di interazioni totali per unità di tempo che occorrono. La variazione dell'intensità si scrive

$$dI(x) = -dR \qquad (18.6.3)$$

e per la superficie bersaglio S_b (ortogonale al fascio) il flusso vale

$$\Phi_p = \frac{I(x)}{S_b}.$$

Dall'Eq. (18.6.1), usando la densità del materiale bersaglio n_b, si ha

$$dR = \sigma \Phi_p dN_b = \sigma \Phi_p S_b n_b dx$$

$$= \sigma I(x) n_b dx,$$

da cui, dall'Eq. (18.6.3),

$$dI(x) = -\sigma I(x) n_b dx,$$

ovvero

$$\frac{dI(x)}{I(x)} = -\sigma n_b dx.$$

Infine abbiamo

$$I(x) = I_0 e^{-n_b \sigma x}$$

e possiamo definire una lunghezza di assorbimento

$$L = \frac{1}{n_b \sigma},$$

da cui
$$I(x) = I_0 e^{-x/L}.$$

La lunghezza di assorbimento L indica la distanza alla quale l'intensità del fascio è ridotta di un fattore $1/e$.

18.6.2 Luminosità

Si definisce luminosità L il rapporto tra il numero di interazioni per unità di tempo R e la sezione d'urto. In formule

$$L = \frac{R}{\sigma}.$$

Dall'Eq. (18.6.1) si ha anche

$$L = N_b \Phi_p.$$

18.6.3 Sezione d'urto per due corpi

Per il processo di scattering tra due particelle a e b nello stato iniziale e n particelle nello stato finale, il calcolo della sezione d'urto di Eq. (18.6.2), usando la regola d'oro di Fermi per

W, fornisce

$$\sigma = \frac{(2\pi)^4}{4E_a E_b |\vec{\beta}_a - \vec{\beta}_b|} \int |\mathcal{M}_{fi}|^2$$
$$\cdot \prod_{i=1}^{n} \frac{d^3 p_i}{2E_i (2\pi)^3} \cdot \delta\left(\sum_{i=1}^{n} E_i - E\right) \delta^3\left(\sum_{i=1}^{n} \vec{p}_i - \vec{P}\right),$$

dove E_a e E_b sono le energie iniziali delle particelle a e b e $\vec{\beta}_a, \vec{\beta}_b$ sono le loro velocità (in unità naturali).

18.7 Decadimenti

In un decadimento si ha una particella nello stato iniziale che decade in più particelle nello stato finale e possiamo scrivere

$$a \to b + c + \cdots.$$

Se una particella può decadere in più modi ciascuno è detto canale. Il tasso di decadimento parziale, o larghezza parziale, di a nel canale, ad esempio, b,c è chiamato Γ_{bc}. La somma di tutte le larghezze parziali fornisce la larghezza totale Γ per la particella a che è anche il reciproco della sua vita media

$$\Gamma = \frac{1}{\tau},$$

18.7 Decadimenti

infatti dal principio di indeterminazione

$$\Gamma \tau \approx \hbar = 1.$$

Viene detto branching ratio (BR) di a in b,c il rapporto

$$\text{BR}_{bc} = \frac{\Gamma_{bc}}{\Gamma}.$$

Per un decadimento, utilizzando la regola d'oro di Fermi, la probabilità di transizione per unità di tempo ad uno stato finale di n particelle è data da

$$\Gamma_{i,f} = \frac{(2\pi)^4}{2E} \int |\mathcal{M}_{fi}|^2 \prod_{i=1}^{n} \frac{d^3 p_i}{2E_i (2\pi)^3}$$
$$\cdot \delta\left(\sum_{i=1}^{n} E_i - E\right) \delta^3\left(\sum_{i=1}^{n} \vec{p}_i - \vec{P}\right).$$

dove E è l'energia iniziale della particella a che decade. Per il decadimento in due corpi, ovvero

$$a \to b + c,$$

il calcolo esplicito, fatto nel centro di massa di b,c, fornisce

$$\Gamma_{a,bc} = \frac{p_f}{32\pi^2 m^2} \int |\mathcal{M}_{a,bc}|^2 d\Omega_f,$$

con $p_f = p_b = p_c$ il modulo dell'impulso e m massa della particella a. Questo si può scrivere anche come

$$\Gamma_{a,bc} = \frac{p_f}{8\pi m^2} \overline{|\mathcal{M}_{a,bc}|^2}.$$

Parte III

Fisica teorica

Capitolo 19

Introduzione

In questa terza parte introduciamo i concetti che stanno alla base della fisica teorica. Gli argomenti trattati sono i seguenti:
- la Lagrangiana in teoria dei campi;
- l'Hamiltoniana in teoria dei campi;
- le simmetrie;
- l'invarianza di gauge;
- il campo di Klein-Gordon;
- il campo di Dirac;
- l'elettrodinamica quantistica.

Capitolo 20

Lagrangiane ed Hamiltoniane

20.1 Lagrangiana in teoria dei campi

In genere la Lagrangiana può essere scritta come integrale spaziale della densità di Lagrangiana nel modo seguente

$$L = \int d^3x \, \mathcal{L},$$

in modo tale che l'azione può assumere la forma

$$S = \int dt \, L = \int d^4x \, \mathcal{L}.$$

20. Lagrangiane ed Hamiltoniane

In questo libro si parlerà quasi sempre della densità di Lagrangiana essendo solo quest'ultima un invariante di Lorentz. In teoria dei campi la densità di Lagrangiana per un campo ϕ è funzione del campo stesso e dalle sue derivate e possiamo scrivere

$$\mathcal{L} = \mathcal{L}(\phi, \partial_\mu \phi).$$

Il principio di minima azione si scrive

$$\begin{aligned}\delta S &= \int d^4 x \left[\frac{\partial \mathcal{L}}{\partial \phi} \delta \phi + \frac{\partial \mathcal{L}}{\partial (\partial_\mu \phi)} \delta(\partial_\mu \phi) \right] \\ &= \int d^4 x \left[\frac{\partial \mathcal{L}}{\partial \phi} \delta \phi - \left(\partial_\mu \frac{\partial \mathcal{L}}{\partial (\partial_\mu \phi)} \right) \delta \phi \right. \\ &\quad \left. + \partial_\mu \left(\frac{\partial \mathcal{L}}{\partial (\partial_\mu \phi)} \delta \phi \right) \right] = 0,\end{aligned}$$

infatti

$$\begin{aligned}\partial_\mu \left(\frac{\partial \mathcal{L}}{\partial (\partial_\mu \phi)} \delta \phi \right) &= \left(\partial_\mu \frac{\partial \mathcal{L}}{\partial (\partial_\mu \phi)} \right) \delta \phi \\ &\quad + \frac{\partial \mathcal{L}}{\partial (\partial_\mu \phi)} \delta(\partial_\mu \phi). \quad (20.1.1)\end{aligned}$$

Trascurando l'ultimo termine nell'integrale che produrrebbe un termine di superficie nullo otteniamo

$$\delta S = \int d^4x \left[\frac{\partial \mathcal{L}}{\partial \phi} - \left(\partial_\mu \frac{\partial \mathcal{L}}{\partial (\partial_\mu \phi)} \right) \right] \delta \phi = 0.$$

La variazione dell'azione deve essere nulla per valori arbitrari della variazione del campo, cioè $\delta \phi$, e si ottengono le equazioni del moto

$$\partial_\mu \frac{\partial \mathcal{L}}{\partial (\partial_\mu \phi)} = \frac{\partial \mathcal{L}}{\partial \phi}. \qquad (20.1.2)$$

20.2 Hamiltoniana in teoria dei campi

Data una densità di Lagrangiana

$$\mathcal{L} = \mathcal{L}(\phi_i, \partial_\mu \phi_i),$$

definiamo le densità di momento coniugato ai campi ϕ_i nel modo seguente

$$\pi_i(x) = \frac{\partial \mathcal{L}}{\partial \dot{\phi}_i(x)}. \qquad (20.2.1)$$

L'Hamiltoniana si può scrivere in termini di una densità di

Hamiltoniana nel modo seguente

$$H = \int d^3x \, \mathcal{H}, \qquad (20.2.2)$$

dove, in termini dei momenti coniugati $\pi_i(x)$,

$$\mathcal{H} = \sum_i \pi_i(x)\dot{\phi}_i(x) - \mathcal{L}. \qquad (20.2.3)$$

Capitolo 21

Simmetrie e invarianza di gauge

21.1 Simmetrie e leggi di conservazione

Possiamo definire simmetria una trasformazione dei campi che lascia invariate le equazione del moto. Questo accade se la trasformazione modifica la densità di Lagrangiana aggiungendo una quadridivergenza di una funzione arbitraria (termine di superficie che non modifica le equazioni del moto). Ad esempio la trasformazione

$$\phi \to \phi' = \phi + \delta\phi$$

è una simmetria se esiste una funzione $\tilde{J}^\mu(x)$ tale che la variazione della densità di Lagrangiana si possa scrivere come

$$\mathcal{L} \to \mathcal{L}' = \mathcal{L} + \delta\mathcal{L}$$

con

$$\delta\mathcal{L} = \partial_\mu \tilde{J}^\mu. \qquad (21.1.1)$$

Calcoliamo, usando l'equazione (20.1.1),

$$\begin{aligned}
\delta\mathcal{L} &= \frac{\partial \mathcal{L}}{\partial \phi}\delta\phi + \frac{\partial \mathcal{L}}{\partial(\partial_\mu\phi)}\delta(\partial_\mu\phi) \\
&= \frac{\partial \mathcal{L}}{\partial \phi}\delta\phi + \partial_\mu\left(\frac{\partial \mathcal{L}}{\partial(\partial_\mu\phi)}\delta\phi\right) - \left(\partial_\mu \frac{\partial \mathcal{L}}{\partial(\partial_\mu\phi)}\right)\delta\phi \\
&= \partial_\mu\left(\frac{\partial \mathcal{L}}{\partial(\partial_\mu\phi)}\delta\phi\right) + \left(\frac{\partial \mathcal{L}}{\partial \phi} - \partial_\mu \frac{\partial \mathcal{L}}{\partial(\partial_\mu\phi)}\right)\delta\phi \\
&= \partial_\mu\left(\frac{\partial \mathcal{L}}{\partial(\partial_\mu\phi)}\delta\phi\right),
\end{aligned}$$

infatti l'ultimo termine è zero grazie alle equazioni del moto (20.1.2). Dall'equazione (21.1.1), possiamo scrivere

$$\partial_\mu \tilde{J}^\mu = \partial_\mu \frac{\partial \mathcal{L}}{\partial(\partial_\mu\phi)}\delta\phi,$$

da cui
$$\tilde{J}^\mu = \frac{\partial \mathcal{L}}{\partial(\partial_\mu \phi)}\delta\phi - J^\mu,$$

dove la corrente J^μ è conservata
$$\partial_\mu J^\mu = 0$$

e vale
$$J^\mu = \frac{\partial \mathcal{L}}{\partial(\partial_\mu \phi)}\delta\phi - \tilde{J}^\mu.$$

21.2 Invarianza di gauge

La Lagrangiana di interazione nelle teorie di campo può emergere in modo naturale considerando l'invarianza di gauge. Dato un campo di particelle $\psi(x)$ supponiamo di voler effettuare una trasformazione di gauge data dall'operatore unitario e locale $U(x)$ di un certo gruppo che agisce come

$$\psi(x) \to \psi'(x) = U(x)\psi(x).$$

Osserviamo subito che

$$\left(\partial_\mu \psi(x)\right)' = \partial_\mu \psi'(x) = \partial_\mu \left(U(x)\psi(x)\right)$$
$$= \left(\partial_\mu U(x)\right)\psi(x) + U(x)\partial_\mu \psi(x),$$

che è diverso da

$$U(x)\left(\partial_\mu \psi(x)\right).$$

Dunque il termine $\partial_\mu \psi(x)$ non è invariante sotto la trasformazione di gauge data da $U(x)$ e tantomeno lo sarà una Lagrangiana che contiene la derivata dei campi. Per assicurare l'invarianza di gauge si introduce la cosiddetta derivata covariante

$$D_\mu \equiv \partial_\mu + \Gamma_\mu(x), \qquad (21.2.1)$$

che fa uso della connessione $\Gamma_\mu(x)$, tale che

$$\left(D_\mu \psi(x)\right)' = U(x)\left(D_\mu \psi(x)\right).$$

21.2 Invarianza di gauge

Il primo membro dell'equazione diventa

$$\left(D_\mu \psi(x)\right)' = \left(\partial_\mu + \Gamma_\mu(x)\right)' \psi'(x) = \left(\partial_\mu + \Gamma'_\mu(x)\right)$$
$$\cdot \left(U(x)\psi(x)\right) = \left(\partial_\mu U(x)\right)\psi(x)$$
$$+ U(x)\partial_\mu \psi(x) + \Gamma'_\mu(x)U(x)\psi(x),$$

mentre il secondo membro è

$$U(x)\left(D_\mu \psi(x)\right) = U(x)\left(\partial_\mu \psi(x) + \Gamma_\mu(x)\psi(x)\right)$$
$$= U(x)\partial_\mu \psi(x) + U(x)\Gamma_\mu(x)\psi(x)$$

e dunque dall'equazione si ottiene

$$U(x)\Gamma_\mu(x)\psi(x) = \left(\partial_\mu U(x)\right)\psi(x) + \Gamma'_\mu(x)U(x)\psi(x).$$

Questa relazione deve essere un'identità per ogni campo $\psi(x)$, quindi si può ottenere l'identità operatoriale

$$U(x)\Gamma_\mu(x) = \partial_\mu U(x) + \Gamma'_\mu(x)U(x),$$

inoltre possiamo moltiplicare a destra per $U^{-1}(x)$ e avere

$$\Gamma'_\mu(x) = U(x)\Gamma_\mu(x)U^{-1}(x) - \left(\partial_\mu U(x)\right)U^{-1}(x).$$

21. Simmetrie e invarianza di gauge

Essendo $U(x)$ unitario, da $U(x)U^\dagger(x) = 1$, si ottiene

$$\Gamma'_\mu(x) = U(x)\Gamma_\mu(x)U^\dagger(x) - \left(\partial_\mu U(x)\right)U^\dagger(x). \quad (21.2.2)$$

Questa espressione può anche essere scritta come

$$\Gamma'_\mu(x) = U(x)\Gamma_\mu(x)U^\dagger(x) + U(x)\partial_\mu U^\dagger(x),$$

infatti

$$\partial_\mu\left(U(x)\right)U^\dagger(x) + U(x)\partial_\mu U^\dagger(x) = \partial_\mu\left(U(x)U^\dagger(x)\right)$$
$$= \partial_\mu 1 = 0.$$

Nel caso dell'elettromagnetismo il gruppo di trasformazioni è $U(1)$ (abeliano) dunque $U(x) \in U(1)$ unitario con[1]

$$U(x) = e^{-ie\Phi(x)}, \quad \Phi(x) \in \mathbb{R},$$

inoltre la connessione $\Gamma_\mu(x)$ in questo caso è

$$\Gamma_\mu(x) = -ieA_\mu(x) \quad (21.2.3)$$

---

[1] sarebbe $U(x) = e^{iq\Phi(x)}$ ma $q = -e$ per l'elettrone, $e > 0$, rappresentante del campo fermionico e^+e^-.

21.2 Invarianza di gauge

e usando la (21.2.2) si ha

$$\begin{aligned}
\Gamma'_\mu(x) &= e^{-ie\Phi(x)}\Gamma_\mu(x)e^{ie\Phi(x)} - \left(\partial_\mu e^{-ie\Phi(x)}\right)e^{ie\Phi(x)} \\
&= \Gamma_\mu(x) + ie\left(\partial_\mu \Phi(x)\right)e^{-ie\Phi(x)}e^{ie\Phi(x)} \\
&= -ieA_\mu(x) + ie\left(\partial_\mu \Phi(x)\right).
\end{aligned}$$

Da $\Gamma'_\mu(x) = -ieA'_\mu(x)$ si ottiene infine

$$A'_\mu(x) = A_\mu(x) - \partial_\mu \Phi(x).$$

Questa è la trasformazione di gauge del campo del fotone che è definito a meno di una quadridivergenza additiva che non altera le equazioni del moto. Infatti, per ricavare le equazioni del moto in teoria dei campi, partendo dalla variazione funzionale dell'azione

$$\delta S = \delta \int dt\, L(x) = \delta \int d^4x\, \mathcal{L}(x),$$

il termine aggiuntivo sarebbe un termine di superficie che fornisce un contributo nullo. In conclusione, richiedere che la Lagrangiana che descrive un campo di particelle cariche, come in QED, sia gauge invariante (locale), implica automaticamente l'introduzione di un termine di interazione (in questo caso con il campo del fotone che è il mediatore dell'interazione elettromagnetica).

Capitolo 22

Campo di Klein-Gordon

22.1 Equazione di Klein-Gordon

L'equazione di Klein-Gordon per una particella libera in meccanica quantistica relativistica può essere ottenuta anche partendo dalla relazione di mass shell

$$E^2 = \vec{p}^2 + m^2.$$

Infatti partendo da

$$(\hat{\vec{p}}^2 + m^2)\phi = \hat{E}^2 \phi$$

e sostituendo gli operatori

$$\hat{E} = i\partial^0, \quad \hat{p}^i = -i\partial^i,$$

si ottiene

$$-\partial^0\partial^0\phi = -\partial^i\partial^i\phi + m^2\phi,$$

da cui

$$(\partial^\mu\partial_\mu + m^2)\phi = 0,$$

ovvero

$$(\Box + m^2)\phi = 0,$$

dove

$$\Box \equiv \partial_\mu\partial^\mu.$$

22.2 Lagrangiana di Klein-Gordon

Una densità di Lagrangiana che descrive un campo scalare ϕ reale, usando l'invarianza di Lorentz, non può che avere la forma

$$\mathcal{L}(\phi, \partial_\mu\phi) = a\,\partial_\mu\phi\partial^\mu\phi + b\phi^2,$$

22.2 Lagrangiana di Klein-Gordon

dove a, b sono costanti. La densità di Lagrangiana di Klein-Gordon per un campo non interagente è

$$\mathcal{L} = \frac{1}{2} \partial_\mu \phi \, \partial^\mu \phi - \frac{1}{2} m^2 \phi^2. \quad (22.2.1)$$

Utilizzando le formule delle equazioni del moto (20.1.2) otteniamo

$$\frac{\partial \mathcal{L}}{\partial \phi} = -\frac{1}{2} m^2 \frac{\partial}{\partial \phi} \phi^2 = -m^2 \phi,$$

$$\begin{aligned}
\frac{\partial \mathcal{L}}{\partial (\partial_\mu \phi)} &= \frac{1}{2} \frac{\partial}{\partial (\partial_\mu \phi)} (\partial_\mu \phi \, \partial^\mu \phi) \\
&= \frac{1}{2} \frac{\partial}{\partial (\partial_\mu \phi)} (\partial_\mu \phi \, \eta^{\mu\nu} \partial_\nu \phi) \\
&= \frac{1}{2} \left(\partial^\mu \phi + \eta^{\mu\nu} \partial_\mu \phi \frac{\partial}{\partial (\partial_\mu \phi)} (\partial_\nu \phi) \right) \\
&= \frac{1}{2} (\partial^\mu \phi + \eta^{\mu\nu} \partial_\mu \phi \, \delta^\mu_\nu) \\
&= \frac{1}{2} (\partial^\mu \phi + \eta^{\mu\nu} \partial_\nu \phi) \\
&= \frac{1}{2} (\partial^\mu \phi + \partial^\mu \phi) = \partial^\mu \phi.
\end{aligned}$$

Le equazioni del moto per il campo di Klein-Gordon si scrivono dunque, usando l'equazione (20.1.2),

$$\partial_\mu \partial^\mu \phi = -m^2 \phi,$$

o anche

$$(\partial^\mu \partial_\mu + m^2) \phi = 0.$$

22.3 Hamiltoniana di Klein-Gordon

Il momento coniugato a ϕ, secondo la definizione (20.2.1), è

$$\begin{aligned}\pi(x) &= \frac{\partial \mathcal{L}}{\partial \dot{\phi}(x)} = \frac{1}{2} \frac{\partial}{\partial \dot{\phi}} (\partial_\mu \phi \, \partial^\mu \phi) = \frac{1}{2} \frac{\partial}{\partial \dot{\phi}} (\partial_0 \phi \, \partial^0 \phi) \\ &= \frac{1}{2} \frac{\partial}{\partial \dot{\phi}} \dot{\phi}^2 = \dot{\phi}(x).\end{aligned}$$

Dunque la densità di Hamiltoniana di Klein-Gordon si scrive, dall'equazione (20.2.3), come

$$\begin{aligned}\mathcal{H} &= \pi(x)\dot{\phi}(x) - \mathcal{L} = \dot{\phi}^2 - \frac{1}{2}\partial_\mu \phi \, \partial^\mu \phi + \frac{1}{2}m^2\phi^2 \\ &= \dot{\phi}^2 - \frac{1}{2}\partial_0 \phi \, \partial^0 \phi - \frac{1}{2}\partial_k \phi \, \partial^k \phi + \frac{1}{2}m^2\phi^2 \\ &= \frac{1}{2}\pi^2 + \frac{1}{2}(\vec{\nabla}\phi)^2 + \frac{1}{2}m^2\phi^2.\end{aligned}$$

Capitolo 23

Campo elettromagnetico

23.1 Equazioni di Maxwell

Le quattro equazioni di Maxwell

$$\begin{cases} \vec{\nabla} \cdot \vec{E} = \rho \\ \vec{\nabla} \cdot \vec{B} = 0 \\ \vec{\nabla} \times \vec{E} = -\frac{\partial \vec{B}}{\partial t} \\ \vec{\nabla} \times \vec{B} = \frac{\partial \vec{E}}{\partial t} + \vec{J} \end{cases},$$

possono essere scritte in forma covariante come

$$\begin{cases} \partial_\mu F^{\mu\nu} = J^\nu \\ \partial_\mu F^{\nu\rho} + \partial_\nu F^{\rho\mu} + \partial_\rho F^{\mu\nu} = 0 \end{cases},$$

dove $F^{\mu\nu}$ è il tensore del campo elettromagnetico legato al quadripotenziale

$$F^{\mu\nu} = \partial^\mu A^\nu - \partial^\nu A^\mu$$

e J^μ è la quadricorrente. Ricordiamo che le relazioni tra quadripotenziale

$$A^\mu = (A^0, \vec{A}) = (\phi, \vec{A})$$

che rappresenta il campo del fotone e i campi elettrico e magnetico sono le seguenti

$$\vec{E} = -\vec{\nabla}\phi - \frac{\partial \vec{A}}{\partial t}, \quad \vec{B} = \vec{\nabla} \times \vec{A},$$

dove ϕ è detto potenziale scalare e $\vec{A}$ potenziale vettore. Il tensore $F^{\mu\nu}$ è manifestamente antisimmetrico

$$F^{\mu\nu} = -F^{\nu\mu}$$

e le sue componenti sono

$$F^{\mu\nu} = \begin{pmatrix} 0 & -E^1 & -E^2 & -E^3 \\ E^1 & 0 & -B^3 & B^2 \\ E^2 & B^3 & 0 & -B^1 \\ E^3 & -B^2 & B^1 & 0 \end{pmatrix}.$$

Dalle equazioni di Maxwell deriva immediatamente la conservazione della quadricorrente J^μ, infatti abbiamo

$$\begin{aligned} \partial_\nu J^\nu &= \partial_\mu \partial_\nu F^{\mu\nu} = \frac{1}{2}(\partial_\mu \partial_\nu F^{\mu\nu} + \partial_\nu \partial_\mu F^{\nu\mu}) \\ &= \frac{1}{2}(\partial_\mu \partial_\nu F^{\mu\nu} - \partial_\mu \partial_\nu F^{\mu\nu}) = 0 \end{aligned}$$

23.2 Invarianza di gauge

Osserviamo che il tensore elettromagnetico è invariante per trasformazioni del quadripotenziale $A^\mu(x)$ (dette trasformazioni di gauge)

$$A^\mu(x) \to A'^\mu(x) = A^\mu(x) + \partial^\mu \varphi(x),$$

dove $\phi(x)$ è una funzione arbitraria. Sostituire $A^\mu(x)$ con $A'^\mu(x)$ tramite l'equazione precedente significa effettuare una particolare scelta di gauge. Esempi noti sono il gauge di Lorentz e il gauge di Coulomb. Il gauge di Lorentz prevede che il quadripotenziale soddisfi la relazione

$$\partial_\mu A^\mu = 0.$$

In questo caso la funzione $\phi(x)$ deve soddisfare

$$\Box \varphi(x) = -\partial_\mu A^\mu(x)$$

e quindi questo gauge non è univoco. Infatti si può considerare l'aggiunta di qualsiasi altra funzione tale che $\Box \varphi = 0$. Nel gauge di Coulomb invece deve valere la relazione

$$\vec{\nabla} \cdot \vec{A} = 0.$$

Nel caso libero, in cui $J^\mu = 0$, è possibile usare, come trasformazione di gauge, simultaneamente le relazioni

$$\vec{\nabla} \cdot \vec{A} = 0, \quad A^0 = \phi = 0.$$

23.3 Lagrangiana di Maxwell

Il campo elettromagnetico libero può essere descritto dalla densità Lagrangiana (detta anche di Maxwell)

$$\mathcal{L} = -\frac{1}{4} F^{\mu\nu} F_{\mu\nu}, \qquad (23.3.1)$$

dove

$$\begin{aligned}
F^{\mu\nu} F_{\mu\nu} &= (\partial^\mu A^\nu - \partial^\nu A^\mu)(\partial_\mu A_\nu - \partial_\nu A_\mu) \\
&= (\partial^\mu A^\nu)(\partial_\mu A_\nu) - (\partial^\nu A^\mu)(\partial_\mu A_\nu) \\
&\quad - (\partial^\mu A^\nu)(\partial_\nu A_\mu) + (\partial^\nu A^\mu)(\partial_\nu A_\mu) \\
&= 2(\partial^\mu A^\nu)(\partial_\mu A_\nu) - 2(\partial^\mu A^\nu)(\partial_\nu A_\mu) \\
&= 2(\partial^\mu A^\nu)(\partial_\mu A_\nu - \partial_\nu A_\mu) = 2(\partial^\mu A^\nu) F_{\mu\nu}.
\end{aligned}$$

Per usare le equazioni del moto (20.1.2), che in questo caso assumono la forma

$$\partial_\mu \frac{\partial \mathcal{L}}{\partial(\partial_\mu A_\nu)} = \frac{\partial \mathcal{L}}{\partial A_\nu},$$

calcoliamo intanto

$$\frac{\partial \mathcal{L}}{\partial A_\nu} = 0.$$

Sapendo che

$$\frac{\partial}{\partial(\partial_\mu A_\nu)} F^{\alpha\beta} = \frac{\partial}{\partial(\partial_\mu A_\nu)}(\partial^\alpha A^\beta - \partial^\beta A^\alpha)$$
$$= \delta^{\alpha\mu}\delta^{\beta\nu} - \delta^{\beta\mu}\delta^{\alpha\nu}$$

e

$$\frac{\partial}{\partial(\partial_\mu A_\nu)} F_{\alpha\beta} = \delta^\mu_\alpha \delta^\nu_\beta - \delta^\mu_\beta \delta^\nu_\alpha.$$

$$\frac{\partial \mathcal{L}}{\partial(\partial_\mu A_\nu)} = -\frac{1}{4}\frac{\partial}{\partial(\partial_\mu A_\nu)}(F^{\alpha\beta} F_{\alpha\beta})$$
$$= -\frac{1}{4}\Big(F_{\alpha\beta}(\delta^{\alpha\mu}\delta^{\beta\nu} - \delta^{\beta\mu}\delta^{\alpha\nu})$$
$$+ F^{\alpha\beta}(\delta^\mu_\alpha \delta^\nu_\beta - \delta^\mu_\beta \delta^\nu_\alpha)\Big)$$
$$= -\frac{1}{4}(F^{\mu\nu} - F^{\nu\mu} + F^{\mu\nu} - F^{\nu\mu}) = -F^{\mu\nu},$$

23.3 Lagrangiana di Maxwell

da cui uno dei due set delle equazioni di Maxwell per il campo libero (fotone libero)

$$\partial_\mu F^{\mu\nu} = 0 \, .$$

Capitolo 24

Campo di Dirac

24.1 Equazione di Dirac

L'equazione di Dirac descrive, in meccanica quantistica relativistica, una particella di spin 1/2. La funzione d'onda per una data particella è uno spinore $\psi(x)$ di 4 componenti. L'equazione di Dirac ha la forma

$$(i\gamma^\mu \partial_\mu - m)\psi(x) = 0, \qquad (24.1.1)$$

dove le γ^μ sono le 4 matrici di Dirac 4×4 che obbediscono alla seguente regola di anticommutazione

$$\{\gamma^\mu, \gamma^\nu\} = 2\eta^{\mu\nu} 1, \qquad (24.1.2)$$

dove la matrice identità (in questo caso 4×4) a secondo membro verrà a volte omessa sottintendendo la sua presenza quando necessario anche in altre equazioni. L'equazione di Dirac coinvolge le matrici γ^μ e lo spinore $\psi(x)$ e, specificando le somme sugli indici delle loro componenti, si hanno le 4 equazioni ($a = 1, 2, 3, 4$)

$$i \sum_{b=1}^{4} (\gamma^\mu)_{ab} \partial_\mu \psi_b = m\psi_a.$$

24.2 Proprietà matrici γ

Dalla regola di anticommutazione (24.1.2) otteniamo immediatamente le seguenti proprietà delle matrici gamma di Dirac

$$(\gamma^0)^2 = 1, \qquad (\gamma^k)^2 = -1,$$

infatti

$$\{\gamma^0, \gamma^0\} = 2(\gamma^0)^2 = 2\eta^{00} = 2 \cdot 1$$

24.2 Proprietà matrici γ

e
$$\{\gamma^k, \gamma^k\} = 2(\gamma^k)^2 = 2\eta^{kk} = -2 \cdot 1.$$

Altre proprietà delle matrici γ sono

$$(\gamma^0)^\dagger = \gamma^0, \quad (\gamma^k)^\dagger = -\gamma^k, \quad (\gamma^\mu)^\dagger = \gamma^0 \gamma^\mu \gamma^0.$$

Le matrici γ sono tutte e 4 a traccia nulla

$$\text{Tr}(\gamma^\mu) = 0,$$

così come è a traccia nulla ogni loro prodotto dispari

$$\text{Tr}(\underbrace{\gamma^{\mu_1} \gamma^{\mu_2} \cdots \gamma^{\mu_n}}_{n \text{ dispari}}) = 0.$$

La traccia del prodotto di un numero pari di matrici γ non è identicamente nulla e si hanno, ad esempio

$$\text{Tr}(\gamma^\mu \gamma^\nu) = 4\eta^{\mu\nu},$$

$$\text{Tr}(\gamma^\mu \gamma^\nu \gamma^\rho \gamma^\sigma) = 4(\eta^{\mu\nu}\eta^{\rho\sigma} - \eta^{\mu\rho}\eta^{\nu\sigma} + \eta^{\mu\sigma}\eta^{\nu\rho}).$$

Altre relazioni utili sono

$$\gamma_\mu \gamma^\mu = 4, \qquad \gamma_\nu \gamma^\mu \gamma^\nu = -2\gamma^\mu, \qquad \gamma_\rho \gamma^\mu \gamma^\nu \gamma^\rho = 4\eta^{\mu\nu}.$$

Le matrici γ hanno la seguente forma nella rappresentazione di Dirac

$$\gamma^0 = \begin{pmatrix} 1 & 0 & 0 & 0 \\ 0 & 1 & 0 & 0 \\ 0 & 0 & -1 & 0 \\ 0 & 0 & 0 & -1 \end{pmatrix}, \quad \gamma^1 = \begin{pmatrix} 0 & 0 & 0 & 1 \\ 0 & 0 & 1 & 0 \\ 0 & -1 & 0 & 0 \\ -1 & 0 & 0 & 0 \end{pmatrix},$$

$$\gamma^2 = \begin{pmatrix} 0 & 0 & 0 & -i \\ 0 & 0 & i & 0 \\ 0 & i & 0 & 0 \\ -i & 0 & 0 & 0 \end{pmatrix}, \quad \gamma^3 = \begin{pmatrix} 0 & 0 & 1 & 0 \\ 0 & 0 & 0 & -1 \\ -1 & 0 & 0 & 0 \\ 0 & 1 & 0 & 0 \end{pmatrix}.$$

Queste possono essere scritte, usando le 3 matrici di Pauli σ_i e la matrice identità 1 (in questo caso 2×2) nel modo seguente

24.2 Proprietà matrici γ

$$\gamma^0 = \begin{pmatrix} 1 & 0 \\ 0 & -1 \end{pmatrix}, \quad \gamma^i = \begin{pmatrix} 0 & \sigma_i \\ -\sigma_i & 0 \end{pmatrix},$$

con

$$\sigma_1 = \begin{pmatrix} 0 & 1 \\ 1 & 0 \end{pmatrix}, \quad \sigma_2 = \begin{pmatrix} 0 & -i \\ i & 0 \end{pmatrix}, \quad \sigma_3 = \begin{pmatrix} 1 & 0 \\ 0 & -1 \end{pmatrix}.$$

Si può definire un'ulteriore matrice 4×4, detta γ^5, in questo modo

$$\gamma^5 \equiv i\gamma^0\gamma^1\gamma^2\gamma^3$$

che soddisfa la relazione di anticommutazione

$$\{\gamma^5, \gamma^\mu\} = 0$$

e ha le seguenti proprietà

$$(\gamma^5)^2 = 1, \quad (\gamma^5)^\dagger = \gamma^5,$$

$$\text{Tr}(\gamma^5) = \text{Tr}(\gamma^5 \gamma^\mu \gamma^\nu) = 0,$$

$$\text{Tr}(\gamma^5\gamma^\mu\gamma^\nu\gamma^\rho\gamma^\sigma) = -4i\varepsilon^{\mu\nu\rho\sigma}.$$

Più avanti faremo uso della notazione slash di Feynman cioè si adotta la seguente notazione

$$\slashed{p} \equiv p_\mu \gamma^\mu.$$

Già ora mostriamo alcuni risultati che riguardano questa notazione. Si hanno infatti

$$\text{Tr}(\slashed{p}\slashed{k}) = 4(p\cdot k), \quad \gamma_\mu \slashed{p}\gamma^\mu = -2\slashed{p}, \quad \gamma_\mu \slashed{p}\slashed{k}\gamma_\mu = 4(p\cdot k),$$

$$\gamma_\mu \slashed{p}\slashed{k}\slashed{q}\gamma_\mu = -2\slashed{q}\slashed{k}\slashed{p}, \quad \{\slashed{p},\slashed{k}\} = 2(p\cdot k), \quad \slashed{p}^2 = p^2,$$

$$\text{Tr}(\slashed{p}\slashed{k}\slashed{q}\slashed{P}) = 4\Big((p\cdot k)(q\cdot P) - (p\cdot q)(k\cdot P) + (p\cdot P)(k\cdot q)\Big).$$

24.3 Lagrangiana di Dirac

Prima di scrivere la densità di Lagrangiana di Dirac definiamo lo spinore aggiunto a ψ come

$$\overline{\psi} \equiv \psi^\dagger \gamma^0.$$

La densità di Lagrangiana di Dirac per un campo non interagente ha la forma

$$\mathcal{L} = \overline{\psi}(i\gamma^\mu \partial_\mu - m)\psi.$$

24.4 Hamiltoniana di Dirac

I momenti coniugati a ψ e a $\overline{\psi}$ si scrivono

$$\pi_\psi = \frac{\partial \mathcal{L}}{\partial \dot{\psi}} = i\frac{\partial}{\partial \dot{\psi}}(\overline{\psi}\gamma^\mu \partial_\mu \psi) = i\frac{\partial}{\partial \dot{\psi}}(\overline{\psi}\gamma^0 \dot{\psi}) = i\overline{\psi}\gamma^0,$$

$$\pi_{\overline{\psi}} = \frac{\partial \mathcal{L}}{\partial \dot{\overline{\psi}}} = i\frac{\partial}{\partial \dot{\overline{\psi}}}(\overline{\psi}\gamma^\mu \partial_\mu \psi) = 0.$$

Da cui la densità di Hamiltoniana

$$\begin{aligned}\mathcal{H} &= \pi_\psi \dot{\psi}(x) + \pi_{\overline{\psi}}\dot{\overline{\psi}} - \mathcal{L} = \pi_\psi \dot{\psi}(x) - \overline{\psi}(i\gamma^\mu \partial_\mu - m)\psi \\ &= i\overline{\psi}\gamma^0 \dot{\psi}(x) - \overline{\psi}(i\gamma^\mu \partial_\mu - m)\psi = -\overline{\psi}(i\gamma^k \partial_k - m)\psi \\ &= -i\psi^\dagger \gamma^0 \gamma^k \partial_k \psi + \psi^\dagger \gamma^0 m \psi = \psi^\dagger(-i\vec{\alpha}\cdot\vec{\nabla} + \beta m)\psi,\end{aligned}$$

dove abbiamo definito

$$\alpha^k = \gamma^0 \gamma^k, \qquad \beta = \gamma^0$$

e
$$\nabla^k = \partial_k = \frac{\partial}{\partial x^k}.$$

Le proprietà delle matrici α^k e β si possono ricavare dalle proprietà delle matrici γ e sono le seguenti

$$\{\alpha^i, \alpha^j\} = 2\delta^{ij}1, \quad \{\alpha^i, \beta\} = 0, \quad \beta^2 = 1.$$

Per trovare l'Hamiltoniana possiamo procedere calcolando

$$H = \int d^3x \, \mathcal{H},$$

oppure riscrivendo l'equazione di Dirac in (24.1.1) nel modo seguente

$$i\gamma^0 \partial_0 \psi(x) + i\gamma^k \partial_k \psi(x) - m\psi(x) = 0,$$

moltiplicando ambo i membri per γ^0 da sinistra e ricordando le definizioni appena date di $\vec{\alpha}$ e β abbiamo

$$i(\gamma^0)^0 \frac{\partial}{\partial t} \psi(x) + i\gamma^0 \gamma^k \partial_k \psi(x) - m\gamma^0 \psi(x) = 0,$$

$$i\frac{\partial \psi}{\partial t} = (-i\vec{\alpha} \cdot \vec{\nabla} + \beta m)\psi.$$

Comparando con l'equazione di Dirac scritta in forma Hamiltoniana

$$H\psi = i\frac{\partial \psi}{\partial t}$$

otteniamo l'Hamiltoniana di Dirac

$$H = -i\vec{\alpha}\cdot\vec{\nabla} + \beta m.$$

24.5 Soluzioni libere

Le soluzioni dell'equazione di Dirac

$$(i\gamma^\mu \partial_\mu - m)\psi(x) = 0$$

che sono anche autofunzioni del 4-impulso p^μ possono essere scritte in due modi simili, a seconda che il valore dell'energia sia positivo $p^0 > 0$ o negativo $p^0 < 0$. Poniamo, per questi due casi,

$$\psi_+(x) = u(p)e^{-ip\cdot x}, \qquad p^0 > 0,$$

$$\psi_-(x) = v(p)e^{ip\cdot x}, \qquad p^0 < 0.$$

I fattori $u(\vec{p})$ e $v(\vec{p})$ descrivono le proprietà spinoriali delle particelle del campo. Inserendo ψ_+ nell'equazione di Dirac otteniamo

$$\begin{aligned}0 &= (i\gamma^\mu \partial_\mu - m)\psi_+(x) = (i\gamma^\mu \partial_\mu - m)\left(u(p)e^{-ip\cdot x}\right)\\ &= i\gamma^\mu u(p)(-ip_\mu)e^{-ip\cdot x} - mu(p)e^{-ip\cdot x},\end{aligned}$$

da cui, ricordando la notazione slash di Feynman $\slashed{p} \equiv \gamma^\mu p_\mu$,

$$(\slashed{p} - m)u(p) = 0. \qquad (24.5.1)$$

Analogamente, per ψ_-, otteniamo

$$\begin{aligned}0 &= (i\gamma^\mu \partial_\mu - m)\psi_+(x) = (i\gamma^\mu \partial_\mu - m)\left(v(p)e^{ip\cdot x}\right)\\ &= i\gamma^\mu v(p)(ip_\mu)e^{ip\cdot x} - mv(p)e^{ip\cdot x},\end{aligned}$$

da cui

$$(\slashed{p} + m)v(p) = 0. \qquad (24.5.2)$$

Per gli spinori aggiunti si ha

$$\bar{u}(p)(\slashed{p} - m) = 0,$$

24.5 Soluzioni libere

$$\bar{v}(p)(\not{p}+m)=0.$$

Nel sistema di riferimento a riposo ($m \neq 0$), in cui $p^\mu = (m,\vec{0})$, le equazioni (24.5.1) e (24.5.2) diventano

$$(\not{p}-m)u(p_0) = (m\gamma^0 - m)u = (\gamma^0 - 1)u = 0,$$

$$(\not{p}+m)v(p_0) = (m\gamma^0 + m)v = (\gamma^0 + 1)v = 0.$$

Ricordando la forma matriciale di γ^0 nella rappresentazione di Dirac

$$\gamma^0 = \begin{pmatrix} 1 & 0 & 0 & 0 \\ 0 & 1 & 0 & 0 \\ 0 & 0 & -1 & 0 \\ 0 & 0 & 0 & -1 \end{pmatrix},$$

si hanno

$$\gamma^0 - 1 = \begin{pmatrix} 0 & 0 & 0 & 0 \\ 0 & 0 & 0 & 0 \\ 0 & 0 & -2 & 0 \\ 0 & 0 & 0 & -2 \end{pmatrix} = -2 \begin{pmatrix} 0 & 0 \\ 0 & 1 \end{pmatrix},$$

$$\gamma^0+1=\begin{pmatrix}2&0&0&0\\0&2&0&0\\0&0&0&0\\0&0&0&0\end{pmatrix}=2\begin{pmatrix}1&0\\0&0\end{pmatrix},$$

da cui le equazioni

$$\begin{pmatrix}0&0\\0&1\end{pmatrix}u(p_0)=0,$$

$$\begin{pmatrix}1&0\\0&0\end{pmatrix}v(p_0)=0.$$

Ci sono in tutto quattro soluzioni indipendenti, due per ciascuna equazione ($u^{(1)}, u^{(2)}$ e $v^{(1)}, v^{(2)}$), che hanno la forma

$$u^{(1)}=\begin{pmatrix}1\\0\\0\\0\end{pmatrix},\quad u^{(2)}=\begin{pmatrix}0\\1\\0\\0\end{pmatrix},$$

24.5 Soluzioni libere

$$v^{(1)} = \begin{pmatrix} 0 \\ 0 \\ 1 \\ 0 \end{pmatrix}, \quad v^{(2)} = \begin{pmatrix} 0 \\ 0 \\ 0 \\ 1 \end{pmatrix}.$$

Queste soluzioni sono gli stati corrispondenti alle due proiezioni dello spin 1/2 per u e per v. Per calcolare ora $u(p)$ e $v(p)$ in un generico sistema di riferimento, a partire dai risultati ottenuti nel caso del sistema a riposo, notiamo innanzitutto che vale l'identità

$$\begin{aligned}(\slashed{p}+m)(\slashed{p}-m) &= (\gamma^\mu p_\mu + m)(\gamma^\nu p_\nu - m) \\ &= \gamma^\mu \gamma^\nu p_\mu p_\nu - m^2 = p^2 - m^2,\end{aligned}$$

infatti

$$\slashed{p}^2 = \gamma^\mu \gamma^\nu p_\mu p_\nu = 2\eta^{\mu\nu} p_\mu p_\nu - \gamma^\nu \gamma^\mu p_\mu p_\nu = 2p^2 - \slashed{p}^2.$$

Per una particella reale, per cui $p^2 = m^2$, abbiamo l'identità

$$(\slashed{p}+m)(\slashed{p}-m) = 0$$

e possiamo scrivere, ad esempio,

$$(\not{p}-m)\big((\not{p}+m)u^{(r)}(p_0)\big)=0,$$

con $r=1,2$. Dall'equazione (24.5.1) otteniamo

$$u^{(r)}(p)=C_u(\not{p}+m)u^{(r)}, \qquad (24.5.3)$$

dove C_u è una costante di normalizzazione. Analogamente

$$v^{(r)}(p)=C_v(-\not{p}+m)v^{(r)}.$$

Definiamo intanto

$$\xi^{(r)}=\begin{pmatrix}\delta_{1r}\\\delta_{2r}\end{pmatrix}=\begin{cases}\begin{pmatrix}1\\0\end{pmatrix} & \text{se } r=1\\[1em]\begin{pmatrix}0\\1\end{pmatrix} & \text{se } r=2\end{cases}$$

24.5 Soluzioni libere

e calcoliamo

$$\begin{aligned} u^{(r)}(p) &= C_u(\slashed{p}+m)u^{(r)} = C_u(\slashed{p}+m)\begin{pmatrix} \xi^{(r)} \\ 0 \end{pmatrix} \\ &= C_u\left[\begin{pmatrix} 1 & 0 \\ 0 & -1 \end{pmatrix}p^0 - \begin{pmatrix} 0 & \vec{\sigma} \\ -\vec{\sigma} & 0 \end{pmatrix}\cdot\vec{p} \right. \\ &\quad \left. + m\begin{pmatrix} 1 & 0 \\ 0 & 1 \end{pmatrix}\right]\begin{pmatrix} \xi^{(r)} \\ 0 \end{pmatrix} \\ &= C_u\begin{pmatrix} E+m & -\vec{\sigma}\cdot\vec{p} \\ \vec{\sigma}\cdot\vec{p} & -E+m \end{pmatrix}\begin{pmatrix} \xi^{(r)} \\ 0 \end{pmatrix}, \end{aligned}$$

da cui

$$u^{(r)}(p) = C_u \begin{pmatrix} (E+m)\xi^{(r)} \\ \vec{\sigma}\cdot\vec{p}\,\xi^{(r)} \end{pmatrix}.$$

L'aggiunto di $u^{(r)}(p)$ è

$$\begin{aligned} \bar{u}^{(r)}(p) &= u^{(r)\dagger}(p)\gamma^0 = C_u^*\begin{pmatrix} (E+m)\xi^{(r)\dagger} & \xi^{(r)\dagger}\vec{\sigma}\cdot\vec{p} \end{pmatrix} \\ &\quad \cdot \begin{pmatrix} 1 & 0 \\ 0 & -1 \end{pmatrix} = C_u^*\begin{pmatrix} (E+m)\xi^{(r)\dagger} & -\xi^{(r)\dagger}\vec{\sigma}\cdot\vec{p} \end{pmatrix} \end{aligned}$$

Per fissare la costante di normalizzazione calcoliamo

$$\begin{aligned}\bar{u}^{(r)}(p)u^{(s)}(p) &= |C_u|^2 \left((E+m)\xi^{(r)\dagger} \quad -\xi^{(r)\dagger}\,\vec{\sigma}\cdot\vec{p}\right) \\ &\quad \cdot \begin{pmatrix}(E+m)\xi^{(s)}\\ \vec{\sigma}\cdot\vec{p}\,\xi^{(s)}\end{pmatrix} = |C_u|^2 \left((E+m)^2\right.\\ &\quad \cdot \left.\xi^{(r)\dagger}\xi^{(s)} - \xi^{(r)\dagger}(\vec{\sigma}\cdot\vec{p})^2\xi^{(s)}\right)\\ &= 2m|C_u|^2(E+m)\,\delta_{rs},\end{aligned}$$

dove abbiamo usato

$$\begin{aligned}(\vec{\sigma}\cdot\vec{p})^2 &= \sigma_i p^i \sigma_j p^j = \frac{1}{2}p^i p^j \{\sigma_i,\sigma_j\} = p^i p^j \delta_{ij}\\ &= \vec{p}^2 = E^2 - m^2 = (E+m)(E-m),\end{aligned}$$

e imponiamo la condizione

$$\bar{u}^{(r)}(p)u^{(s)}(p) = 2m\,\delta_{rs}.$$

Possiamo dunque scrivere la costante di normalizzazione come

$$C_u = \frac{1}{\sqrt{E+m}}$$

24.5 Soluzioni libere

e dall'equazione (24.5.3) si ha

$$u^{(r)}(p) = \frac{\not{p}+m}{\sqrt{E+m}}u^{(r)},$$

Capitolo 25

Elettrodinamica quantistica

25.1 Lagrangiana di interazione

L'equazione di campo di Dirac libera è invariante per trasformazioni di gauge globali del tipo

$$\psi(x) \to \psi'(x) = e^{i\alpha}\psi(x),$$

con α costante, ma non per trasformazioni di gauge locali. Affinché lo sia occorre aggiungere un termine (di interazione) alla Lagrangiana, come mostrato per ricavare l'equazione (21.2.2). Nel caso di interazione elettromagnetica abbiamo, dall'equazione (21.2.1) con la connessione (21.2.3), la derivata covariante

$$D_\mu \equiv \partial_\mu - ieA_\mu(x).$$

In questo modo la densità di Lagrangiana di Dirac che risulta gauge invariante sotto trasformazioni locali tramite l'operatore

$$U(x) = e^{-ie\Phi(x)}, \quad \Phi(x) \in \mathbb{R},$$

è la seguente

$$\mathcal{L} = \overline{\psi}(i\gamma^\mu D_\mu - m)\psi.$$

Questa densità di Lagrangiana è composta da una parte che descrive il campo libero di Dirac ($\mathcal{L}_D$) e una parte che descrive l'interazione con il campo elettromagnetico ($\mathcal{L}_{\text{int}}$), cioè, esplicitamente,

$$\begin{aligned}\mathcal{L} &= \mathcal{L}_D + \mathcal{L}_{\text{int}} = \overline{\psi}(i\gamma^\mu \partial_\mu - m)\psi + e\overline{\psi}\gamma^\mu \psi A_\mu \\ &= \overline{\psi}(i\slashed{\partial} - m)\psi + e\overline{\psi}\slashed{A}\psi.\end{aligned}$$

25.1 Lagrangiana di interazione

La densità di Lagrangiana di interazione tra il campo di Dirac e quello elettromagnetico è quindi

$$\mathcal{L}_{\text{int}} = e\overline{\psi}(x)\slashed{A}(x)\psi(x), \qquad (25.1.1)$$

mentre la densità di Lagrangiana completa della QED che include il campo libero di Dirac, il campo libero elettromagnetico ($\mathcal{L}_{\text{em}}$), equazione (23.3.1), e la loro interazione è

$$\begin{aligned}\mathcal{L}_{\text{QED}} &= \mathcal{L}_D + \mathcal{L}_{\text{em}} + \mathcal{L}_{\text{int}} \\ &= \overline{\psi}(i\slashed{\partial} - m)\psi - \frac{1}{4}F^{\mu\nu}F_{\mu\nu} + e\overline{\psi}\slashed{A}\psi.\end{aligned}$$

La densità di Lagrangiana di interazione scritta nel modo seguente, usando la quadricorrente associata al campo di Dirac J^μ,

$$\mathcal{L}_{\text{int}} = e\overline{\psi}\gamma^\mu\psi A_\mu = eJ^\mu A_\mu,$$

unita alla densità di Lagrangiana elettromagnetica libera, equazione (23.3.1), produce

$$\mathcal{L}_{\text{em+int}} = -\frac{1}{4}F^{\mu\nu}F_{\mu\nu} + eJ^\mu A_\mu.$$

25.2 Hamiltoniana di interazione

Dalla densità di Lagrangiana di interazione mostrata in equazione (25.1.1) possiamo ricavare la densità di Hamiltoniana di interazione, dall'equazione (20.2.3), nel modo seguente

$$\begin{aligned}\mathcal{H}_{int} &= \frac{\partial \mathcal{L}_{int}}{\partial \psi}\dot{\psi} + \frac{\partial \mathcal{L}_{int}}{\partial \dot{\overline{\psi}}}\dot{\overline{\psi}} + \frac{\partial \mathcal{L}_{int}}{\partial \dot{A}_\mu}\dot{A}_\mu - \mathcal{L}_{int} \\ &= -\mathcal{L}_{int} = -e\overline{\psi}\slashed{A}\psi.\end{aligned} \qquad (25.2.1)$$

25.3 Operatori di campo

In seconda quantizzazione, definendo

$$d^3\tilde{p} \equiv \frac{d^3p}{(2\pi)^3 2E}, \qquad (25.3.1)$$

gli operatori di campo associati a $\psi(x)$ e $\overline{\psi}(x)$ (fermioni di spin 1/2) possono essere scritti come

$$\begin{aligned}\psi(x) &= \psi^{(+)} + \psi^{(-)} = \sum_r \int d^3\tilde{p}\, \Big(u^{(r)}(p)b(p,r)e^{-ip\cdot x} \\ &+ v^{(r)}(p)d^\dagger(p,r)e^{ip\cdot x}\Big),\end{aligned}$$

25.3 Operatori di campo

$$\overline{\psi}(x) = \overline{\psi}^{(+)} + \overline{\psi}^{(-)} = \sum_r \int d^3\tilde{p} \left(\overline{v}^{(r)}(p) d(p,r) e^{-ip\cdot x} \right.$$
$$\left. + \overline{u}^{(r)}(p) b^\dagger(p,r) e^{ip\cdot x} \right),$$

con gli unici anticommutatori non nulli

$$\left\{ b(p,r), b^\dagger(p',r') \right\} = \left\{ d(p,r), d^\dagger(p',r') \right\} = 2E\, \delta_{pp'} \delta_{rr'}.$$

Analogamente per il campo elettromagnetico (fotone), che soddisfa $A_\mu = A_\mu^\dagger$,

$$A_\mu(x) = A_\mu^{(+)} + A_\mu^{(-)} = \sum_\lambda \int d^3\tilde{k} \left(\varepsilon_\mu(k,\lambda) a(k,\lambda) e^{-ik\cdot x} \right.$$
$$\left. + \varepsilon_\mu^*(k,\lambda) a^\dagger(k,\lambda) e^{ik\cdot x} \right),$$

con gli unici commutatori non nulli

$$\left[a(k), a^\dagger(k') \right] = 2E\, \delta_{kk'}.$$

Per un campo scalare complesso abbiamo

$$\phi(x) = \phi^{(+)} + \phi^{(-)} = \int d^3\tilde{p} \left(a(p) e^{-ip\cdot x} + c^\dagger(p) e^{ip\cdot x} \right),$$

$$\phi^\dagger(x) = \phi^{\dagger(+)} + \phi^{\dagger(-)} = \int d^3\tilde{p}\left(c(p)e^{-ip\cdot x} + a^\dagger(p)e^{ip\cdot x}\right),$$

con gli unici commutatori non nulli

$$\left[a(p), a^\dagger(p')\right] = \left[c(p), c^\dagger(p')\right] = 2E\,\delta_{pp'}.$$

Infine per un campo scalare reale ($\phi = \phi^\dagger$) si può scrivere

$$\phi(x) = \phi^{(+)} + \phi^{(-)} = \int d^3\tilde{k}\left(a(k)e^{-ik\cdot x} + a^\dagger(k)e^{ik\cdot x}\right),$$

con gli unici commutatori non nulli

$$\left[a(k), a^\dagger(k')\right] = 2E\,\delta_{kk'}.$$

25.4 Matrice S

Possiamo immaginare un processo fisico di scattering o di decadimento come una transizione tra due stati asintotici, entrambi autostati di una densità di Hamiltoniana libera $\mathcal{H}_0$, quello iniziale $|i\rangle$ (corrispondente a $t = -\infty$) e quello finale $|f\rangle$ (corrispondente a $t = +\infty$). Questa transizione è dovuta ad un operatore legato alla densità di Hamiltoniana di interazione $\mathcal{H}_{\text{int}}$. L'equazione del moto in rappresentazione di

25.4 Matrice S

interazione per $|\psi(t)\rangle$ è la seguente

$$i\hbar \frac{d}{dt}|\psi(t)\rangle = H_{\text{int}}|\psi(t)\rangle,$$

da cui

$$|\psi(t)\rangle = |\psi(t_0)\rangle - \frac{i}{\hbar}\int_{t_0}^{t} dt_1\, H_{\text{int}}|\psi(t_1)\rangle.$$

Iterando una volta otteniamo

$$\begin{aligned}|\psi(t)\rangle &= |\psi(t_0)\rangle - \frac{i}{\hbar}\int_{t_0}^{t} dt_1\, H_{\text{int}}|\psi(t_0)\rangle \\ &+ \frac{(-i)^2}{\hbar^2}\int_{t_0}^{t} dt_1\, H_{\text{int}} \int_{t_0}^{t_1} dt_2\, H_{\text{int}}|\psi(t_2)\rangle,\end{aligned}$$

mentre, iterando più volte, si ottiene la serie completa

$$\begin{aligned}|\psi(t)\rangle &= \sum_{n=0}^{\infty}\left(\frac{-i}{\hbar}\right)^n \int_{t_0}^{t} dt_1\, H_{\text{int}}(t_1) \\ &\cdots \int_{t_0}^{t_{n-1}} dt_n\, H_{\text{int}}(t_n)|\psi(t_0)\rangle.\end{aligned}$$

Introducendo il time-ordering possiamo scrivere

$$|\psi(t)\rangle = \sum_{n=0}^{\infty} \frac{(-i)^n}{n!\hbar^n} \int_{t_0}^{t} dt_1 \cdots \int_{t_0}^{t} dt_n \, \mathrm{T}\Big(H_{\mathrm{int}}(t_1) \cdots H_{\mathrm{int}}(t_n)\Big) |\psi(t_0)\rangle .$$

Usando ora la relazione tra Hamiltoniana e densità di Hamiltoniana, dall'equazione (20.2.2), cioè

$$H_{\mathrm{int}} = \int d^3x \, \mathcal{H}_{\mathrm{int}}$$

e il fatto che, dall'equazione (25.2.1),

$$\int dt \, H_{\mathrm{int}} = -\int dt \, L_{\mathrm{int}} = -\frac{1}{c} \int d^4x \, \mathcal{L}_{\mathrm{int}} ,$$

otteniamo

$$|\psi(t)\rangle = \sum_{n=0}^{\infty} \left(\frac{i}{\hbar c}\right)^n \frac{1}{n!} \prod_{i=1}^{n} \int_{t_0}^{t} d^4x_i \, \mathrm{T}\Big(\mathcal{L}_{\mathrm{int}}(t_1) \cdots \mathcal{L}_{\mathrm{int}}(t_n)\Big) |\psi(t_0)\rangle .$$

Possiamo definire la matrice S in modo tale che

$$|\psi(t)\rangle = \mathrm{U}(t, t_0) |\psi(t_0)\rangle ,$$

25.4 Matrice S

con
$$S = \lim_{\substack{t_0 \to -\infty \\ t \to +\infty}} U(t, t_0).$$

La matrice S si può quindi scrivere tramite lo sviluppo in serie

$$S = \sum_{n=0}^{\infty} \left(\frac{i}{\hbar c}\right)^n \frac{1}{n!} \prod_{i=1}^{n} \int d^4 x_i \, T\left(\mathcal{L}_{int}(x_1) \cdots \mathcal{L}_{int}(x_n)\right),$$

che possiamo scrivere come

$$S = S^{(0)} + S^{(1)} + S^{(2)} + \cdots.$$

I primi termini sono

$$S^{(0)} = 1, \quad S^{(1)} = \frac{i}{\hbar c} \int d^4 x \, T\left(\mathcal{L}_{int}(x)\right),$$

$$S^{(2)} = -\frac{1}{2\hbar^2 c^2} \int d^4 x \int d^4 y \, T\left(\mathcal{L}_{int}(x) \mathcal{L}_{int}(y)\right).$$

Usando il normal-ordering la Lagrangiana di interazione si scrive, dall'equazione (25.1.1),

$$\mathcal{L}_{int}(x) = e \, N\left(\overline{\psi}(x) \slashed{A}(x) \psi(x)\right),$$

da cui

$$S^{(0)} = 1, \quad S^{(1)} = \frac{ie}{\hbar c}\int d^4x\, T\Big(N(\overline{\psi}(x)\slashed{A}(x)\psi(x))\Big),$$

$$\begin{aligned}S^{(2)} &= -\frac{e^2}{2\hbar^2 c^2}\int d^4x \int d^4y\, T\Big(N(\overline{\psi}(x)\slashed{A}(x)\psi(x))\\ &\quad \cdot N(\overline{\psi}(y)\slashed{A}(y)\psi(y))\Big).\end{aligned}$$

Parte IV

Fisica della materia

Capitolo 26

Introduzione

Questa quarta e ultima parte del libro vuole essere un'introduzione alla fisica della materia. Gli argomenti principali sono:

- il modello di Drude;
- l'effetto Hall;
- l'effetto Seebeck;
- la conducibilità termica;
- la trattazione quantistica del gas di elettroni nel modello di Sommerfeld;
- il calcolo dei calori specifici;
- la diffusione;

26. Introduzione

- il moto browniano;
- le leggi di Fick;
- l'equazione di Langevin;
- l'equazione di Fokker-Planck;
- l'equazione di Boltzmann;
- le proprietà meccaniche dei solidi;
- i difetti reticolari;
- i semiconduttori.

Capitolo 27

Diffusione e moto browniano

27.1 Introduzione

Con il termine moto browniano si intende il moto disordinato e caotico di particelle in un fluido. Prende il nome da Robert Brown che osservò il moto disordinato del polline in acqua. Il moto delle particelle è dovuto al fenomeno della diffusione e dipende da varie grandezze fisiche, tra cui la temperatura.

27.2 Relazione di Einstein

La relazione di Einstein-Smoluchowski lega il coefficiente di diffusione alla temperatura e alla mobilità delle particelle che diffondono. Si possono immaginare due superfici infinitesime, parallele e distanti Δx. Siano n_+ e n_- le densità di particelle rispettivamente dopo la seconda superficie e prima della prima. La densità di corrente di particelle lungo l'asse x, J_x, che attraversa la lunghezza Δx nel tempo Δt è

$$J_x = \frac{n_- \Delta x - n_+ \Delta x}{\Delta t},$$

ponendo

$$\frac{\Delta x}{\Delta t} = v_x,$$

con v_x velocità lungo l'asse x e

$$n_+ - n_- \simeq \frac{dn}{dx} \Delta x$$

la densità di corrente di particelle J_x diventa

$$J_x \cong -v_x \Delta x \frac{dn}{dx}. \qquad (27.2.1)$$

Definiamo coefficiente di diffusione la quantità $\mathcal{D}_x$ tale che

$$J_x \cong -\mathcal{D}_x \frac{dn}{dx}, \qquad (27.2.2)$$

27.2 Relazione di Einstein

dunque
$$\mathcal{D}_x \equiv v_x \Delta x.$$

Introducendo il libero cammino medio ℓ, che dipende anche dal fluido in cui avviene la diffusione, possiamo supporre che
$$\Delta x \cong \frac{1}{3}\ell,$$

infatti una particella passa dalla prima superficie alla seconda se attraversa Δx senza disturbi da parte del fluido. Pertanto la (27.2.1) diventa
$$J_x \cong -\frac{1}{3} v_x \ell \frac{dn}{dx}. \qquad (27.2.3)$$

Se indichiamo con τ_x il tempo medio tra due urti di una particella con quelle del fluido, abbiamo
$$v_x = \frac{\ell}{3\tau_x}. \qquad (27.2.4)$$

Si definisce mobilità μ di una particella che diffonde, la seguente
$$\mu_x \equiv \frac{\tau_x}{m},$$

dove m è la sua massa. Utilizzando questa definizione e la (27.2.4) nella (27.2.3), si ottiene

$$J_x \simeq -mv_x^2 \mu_x \frac{dn}{dx},$$

che si può scrivere, considerando una media nella definizione di J_x,

$$J_x \cong -m\langle v_x^2 \rangle \mu_x \frac{dn}{dx}, \qquad (27.2.5)$$

Inoltre, all'equilibrio e a temperatura T, possiamo scrivere

$$\frac{1}{2}m\langle v_x^2 \rangle = \frac{1}{2}k_B T,$$

con k_B costante di Boltzmann e dunque

$$m\langle v_x^2 \rangle \simeq k_B T,$$

sostituendo nella (27.2.5),

$$J_x \cong -\mu_x k_B T \frac{dn}{dx}.$$

Da qui, grazie alla (27.2.2), si ottiene l'espressione per il coefficiente di diffusione

$$\mathcal{D}_x = \mu_x k_B T.$$

In tre dimensioni il risultato precedente si può scrivere

$$\mathcal{D} = \mu k_B T$$

e la densità di corrente di particelle $\vec{J}$ diventa

$$\vec{J} = -\mathcal{D}\vec{\nabla} n.$$

27.3 Leggi di Fick

La relazione ricavata precedentemente, ovvero

$$\vec{J} = -\mathcal{D}\vec{\nabla} n, \qquad (27.3.1)$$

è detta prima legge di Fick. Possiamo scrivere la legge di conservazione del numero di particelle in questo modo

$$\vec{\nabla} \cdot \vec{J} = -\frac{\partial n}{\partial t}$$

e usando la (27.3.1) si ha

$$\mathcal{D}\nabla^2 n = \frac{\partial n}{\partial t}$$

che rappresenta la seconda legge di Fick.

27.4 Random walker

Con random walker si intende il movimento lungo una retta, da una posizione di partenza, in cui ad ogni passo lo spostamento (di lunghezza L) può avvenire verso destra o verso sinistra con ugual probabilità $1/2$. Dopo N passi lo spostamento medio totale sarà nullo, ovvero

$$\langle x_N \rangle = 0.$$

Calcoliamo invece lo spostamento quadratico medio dall'origine, intanto

$$x_N = x_{N-1} \pm L,$$

da cui

$$x_N^2 = x_{N-1}^2 + L^2 \pm 2L x_{N-1}.$$

27.4 Random walker

Effettuando una media si ha

$$\langle x_N^2 \rangle = \langle x_{N-1}^2 \rangle + \langle L^2 \rangle \pm 2\langle L x_{N-1} \rangle$$

$$= \langle x_{N-1}^2 \rangle + L^2,$$

avendo usato $\langle x_{N-1} \rangle = 0$. Dunque

$$\langle x_N^2 \rangle = \langle x_{N-1}^2 \rangle + L^2, \quad \forall N \in \mathbb{N}^+.$$

Essendo $x_0^2 = 0$, al passo $N = 1$ si ha

$$\langle x_1^2 \rangle = L^2,$$

inoltre

$$\langle x_2^2 \rangle = 2L^2,$$

e

$$\sigma^2 = \langle x_N^2 \rangle = NL^2.$$

La varianza cresce linearmente con il numero di passi (ovvero con il tempo) e

$$\sigma = \sqrt{N} L$$

cresce linearmente con la radice del tempo.

27.5 Equazione di Langevin

La descrizione del moto Browniano di particelle di massa m può essere descritta matematicamente assumendo che queste siano sottoposte ad una forza di attrito viscoso del tipo[1]

$$-\gamma \dot{x},$$

e ad una forza stocastica $f(t)$ tale che

$$\langle f(t) \rangle = 0,$$

$$\langle f(t_1) f(t_2) \rangle = \langle f(t_1)^2 \rangle \delta(t_1 - t_2),$$

ovvero non c'è autocorrelazioni in istanti diversi e

$$\langle x(t) f(t) \rangle = 0. \qquad (27.5.1)$$

L'equazione del moto per la particella di massa m è dunque

$$m\ddot{x}(t) = f(t) - \gamma \dot{x}(t). \qquad (27.5.2)$$

---

[1] $\dot{x} = \frac{dx}{dt}$ e $\ddot{x} = \frac{d^2 x}{dt^2}$.

27.5 Equazione di Langevin

Cerchiamo di risolvere l'equazione nella variabile $\langle x^2(t) \rangle$, anzichè $x(t)$. Intanto si possono scrivere

$$\frac{d}{dt}x^2 = 2x\dot{x},$$

$$\frac{d^2}{dt^2}x^2 = \frac{d}{dt}(2x\dot{x}) = 2\dot{x}^2 + 2x\ddot{x},$$

da cui

$$x\dot{x} = \frac{1}{2}\frac{d}{dt}x^2, \qquad (27.5.3)$$

$$x\ddot{x} = \frac{1}{2}\frac{d^2}{dt^2}x^2 - \dot{x}^2. \qquad (27.5.4)$$

Moltiplicando la (27.5.2) per x si ottiene

$$mx\ddot{x} = xf - \gamma x\dot{x}$$

e, usando le (27.5.3) e (27.5.4),

$$m\frac{1}{2}\frac{d^2}{dt^2}x^2 - m\dot{x}^2 = xf - \gamma\frac{1}{2}\frac{d}{dt}x^2.$$

Prendendone la media, si ha

$$m\frac{1}{2}\frac{d^2}{dt^2}\langle x^2\rangle - m\langle \dot{x}^2\rangle = \langle xf\rangle - \gamma\frac{1}{2}\frac{d}{dt}\langle x^2\rangle$$

e, dalla condizione (27.5.1), si arriva a

$$m\frac{1}{2}\frac{d^2}{dt^2}\langle x^2\rangle - m\langle \dot{x}^2\rangle = -\gamma\frac{1}{2}\frac{d}{dt}\langle x^2\rangle. \qquad (27.5.5)$$

Il secondo termine a primo membro si può scrivere usando la relazione

$$\frac{1}{2}m\langle \dot{x}^2\rangle = \frac{1}{2}k_B T,$$

con T temperatura e k_B costante di Boltzmann. Per cui la (27.5.5) diventa

$$\frac{d^2}{dt^2}\langle x^2\rangle + \frac{\gamma}{m}\frac{d}{dt}\langle x^2\rangle - \frac{2k_B}{m}T = 0.$$

Ponendo

$$z(t) \equiv \frac{d}{dt}\langle x^2(t)\rangle, \qquad (27.5.6)$$

l'equazione precedente diventa

$$\frac{d}{dt}z(t) + \frac{\gamma}{m}z(t) - \frac{2k_B}{m}T = 0.$$

27.5 Equazione di Langevin

Per risolvere questa equazione differenziale si possono separare le variabili

$$\frac{dz}{\frac{2k_BT}{m} - \frac{\gamma}{m}z(t)} = dt$$

e ottenere la soluzione generale integrando

$$\int_{z_0}^{z} \frac{1}{z - \frac{2k_BT}{\gamma}} dz = -\frac{\gamma}{m} \int_0^t dt,$$

ottenendo

$$z(t) = \frac{2k_BT}{\gamma} + \left(z_0 - \frac{2k_BT}{\gamma}\right) e^{-\frac{\gamma}{m}t}.$$

Il termine tra parentesi a secondo membro è una costante, denotandola con c possiamo scrivere la soluzione

$$z(t) = \frac{2k_BT}{\gamma} + c e^{-\frac{\gamma}{m}t}.$$

La soluzione stazionaria si ottiene per $t \to \infty$ ed è

$$z = \frac{2k_BT}{\gamma},$$

da cui, ricordando la (27.5.6), la soluzione stazionaria porta a

$$\frac{d}{dt}\langle x^2 \rangle = \frac{2k_B T}{\gamma}$$

$$\langle x^2(t) \rangle = \frac{2k_B T}{\gamma} t \qquad (27.5.7)$$

e

$$\sigma = \sqrt{\langle x^2(t) \rangle} = \sqrt{\frac{2k_B T}{\gamma}} \sqrt{t},$$

risultato simile al random walker. In tre dimensioni e supponendo particelle sferiche di raggio R per cui vale la legge di Stokes

$$\gamma = 6\pi \eta R,$$

con η viscosità del fluido, la (27.5.7) diventa

$$\langle x^2(t) \rangle = \frac{k_B T}{\pi R \eta} t,$$

dove il coefficiente

$$\frac{k_B T}{\pi R \eta}$$

è detto coefficiente di Einstein.

27.6 Equazione di Fokker-Planck

L'equazione di Fokker-Planck in una dimensione spaziale si scrive

$$\frac{\partial f}{\partial t} = -\frac{\partial}{\partial x}\Big(D_1(x,t)f(x,t)\Big) + \frac{\partial^2}{\partial x^2}\Big(D_2(x,t)f(x,t)\Big),$$

dove $f(x,t)$ è la funzione densità di probabilità per una particella. I termini $D_1(x,t)$ e $D_2(x,t)$ sono detti rispettivamente termine di Drift e termine di fluttuazione. Una generalizzazione della formula di Fokker-Planck è espressa dalla formula di Kramers-Moyal

$$\frac{\partial f}{\partial t} = \sum_{k=1}^{\infty}\Big(-\frac{\partial^k}{\partial x^k}D_k(x,t)\Big)f(x,t).$$

27.7 Equazione di Boltzmann

L'equazione del trasporto di Boltzmann è un caso particolare dell'equazione di Fokker-Planck, essa è

$$\frac{\partial f}{\partial t} = -v\frac{\partial f}{\partial x} - \frac{F}{m}\frac{\partial f}{\partial v} + \Big(\frac{\partial f}{\partial t}\Big)_{coll},$$

dove
$$\left(\frac{\partial f}{\partial t}\right)_{coll}$$
è il termine collisionale, v è la velocità, F è la forza e m la massa. Dal teorema di Liouville si ha che per un sistema in assenza di collisioni, detta $f(x,v,t)$ la funzione di distribuzione classica legata alla densità di probabilità di una particella, vale
$$\frac{df(x,v,t)}{dt} = 0.$$
Dalla definizione di derivata totale si può scrivere
$$\frac{\partial f}{\partial t} + \frac{\partial f}{\partial x}\frac{\partial x}{\partial t} + \frac{\partial f}{\partial v}\frac{\partial v}{\partial t} = 0,$$
da cui
$$\frac{\partial f}{\partial t} = -v\frac{\partial f}{\partial x} - a\frac{\partial f}{\partial v},$$
In presenza di collisioni si aggiunge un termine collisionale e si ha
$$\frac{\partial f}{\partial t} = -v\frac{\partial f}{\partial x} - a\frac{\partial f}{\partial v} + \left(\frac{\partial f}{\partial t}\right)_{coll},$$

27.7 Equazione di Boltzmann

che è l'equazione del trasporto di Boltzmann. Nell'approssimazione a tempo di rilassamento si pone

$$\left(\frac{\partial f}{\partial t}\right)_{coll} = -\frac{f - f_{eq}}{\tau},$$

dove τ è il tempo medio tra due urti e f_{eq} è la funzione densità di probabilità all'equilibrio. Per un gas di elettroni in un metallo dove ciascun elettrone è sottoposto ad una forza $-eE$ si ha

$$\frac{\partial f}{\partial t} = -v\frac{\partial f}{\partial x} + \frac{eE}{m}\frac{\partial f}{\partial v} - \frac{f - f_{eq}}{\tau}.$$

In condizioni stazionarie la precedente diventa

$$\frac{eE}{m}\frac{\partial f}{\partial v} = \frac{f - f_{eq}}{\tau}$$

e, ponendo

$$E_c = \frac{1}{2}mv^2, \quad \frac{\partial f}{\partial v} = \frac{\partial f}{\partial E_c}\frac{\partial E_c}{\partial v} = mv\frac{\partial f}{\partial E_c},$$

si arriva a

$$f = f_{eq} + eE\tau v\frac{\partial f}{\partial E_c}.$$

27. Diffusione e moto browniano

Nel caso del trasporto termico l'equazione di Boltzmann, nell'approssimazione a tempo di rilassamento e in condizioni stazionarie, diventa

$$v\frac{\partial f}{\partial x} + \frac{f - f_{eq}}{\tau} = 0.$$

Capitolo 28

Modello di Drude

28.1 Introduzione

Il modello di Drude prevede che gli elettroni in un metallo si comportino come un gas, ovvero sfere di dimensioni trascurabili che non interagiscono tra di loro, ma effettuano solo urti elastici con le pareti. Sono presenti anche urti con gli ioni, ma il moto tra un urto e l'altro è libero e la velocità a seguito dell'urto è quella compatibile con $\langle v^2 \rangle$ propria del sistema ad una temperatura T, ovvero

$$\frac{1}{2}m\langle v^2 \rangle = \frac{3}{2}k_B T.$$

28.2 Conducibilità elettrica

La conducibilità elettrica σ è espressa dalla legge di Ohm

$$\vec{j} = \sigma \vec{E}, \qquad (28.2.1)$$

dove $\vec{J}$ e $\vec{E}$ sono rispettivamente il vettore densità di corrente e il vettore campo elettrico. Una stima della conducibilità elettrica può essere fatta nel modello di Drude per un gas di elettroni. Indicando con $n(x,y,z)$ la densità degli elettroni di conduzione si può scrivere la loro densità di corrente in questo modo

$$\vec{j} = -en\langle\vec{v}\rangle, \qquad (28.2.2)$$

dove e è la carica dell'elettrone in modulo e $\langle\vec{v}\rangle$ la velocità media. Il modello classico di Drude prevede che sugli elettroni, durante un tempo medio τ, agisca una forza costante nel tempo data da

$$\vec{F} = -e\vec{E}, \qquad \frac{\partial}{\partial t}\vec{F} = 0,$$

28.2 Conducibilità elettrica

Questa fornisce l'equazione differenziale del moto per un elettrone

$$m_e \dot{\vec{v}} = -e\vec{E},$$

dove m_e è la massa dell'elettrone. Integrando fra 0 e τ si ottiene

$$\vec{v}(t) = \vec{v}(0) - \frac{e}{m_e}\vec{E}\tau$$

e, facendo una media su tutti gli elettroni,

$$\langle \vec{v} \rangle = -\frac{e}{m_e}\vec{E}\tau,$$

infatti

$$\langle \vec{v}(0) \rangle = 0.$$

La densità di corrente di elettroni di conduzione, cioè la (28.2.2), diventa

$$\vec{j} = \frac{e^2 n \tau}{m_e}\vec{E}$$

e, dalla (28.2.1), si ha la conducibilità elettrica

$$\sigma = \frac{e^2 n \tau}{m_e}. \qquad (28.2.3)$$

Occorre sottolineare che il modello di Drude è errato in realtà, infatti gli elettroni, grazie al loro comportamento ondulatorio, non vengono perturbati da un potenziale periodico quale quello di un reticolo cristallino perfetto (teorema di Block). Gli elettroni possono subire scattering dai fononi o dalle impurezze presenti nel cristallo.

28.3 Effetto Hall

Se in un conduttore attraversato da una corrente (con direzione lungo l'asse x di un opportuno sistema di riferimento) applichiamo un campo magnetico $\vec{B}$ gli elettroni della corrente subiranno una forza di Lorentz data da

$$\vec{F}_L = -\frac{e}{c}\vec{v} \times \vec{B},$$

dove $\vec{v}$ è la velocità degli elettroni, e la loro carica elettrica in modulo e c la velocità della luce. All'equilibrio possiamo scrivere

$$0 = \frac{d\vec{p}}{dt} = -e\left(\vec{E} + \frac{\vec{p}}{mc} \times \vec{B} - \gamma\vec{p}\right),$$

28.3 Effetto Hall

con m massa dell'elettrone, da cui

$$\begin{cases} -eE_x - p_y\omega - \frac{1}{\tau}p_x = 0 \\ -eE_y + p_x\omega - \frac{1}{\tau}p_y = 0 \end{cases},$$

dove

$$\gamma = \frac{1}{\tau}, \quad \omega = \frac{Be}{mc}.$$

Moltiplicando ambo i membri per

$$-\frac{ne\tau}{m}$$

con n densità del materiale, si hanno

$$\begin{cases} \frac{ne^2\tau}{m}E_x + \frac{ne\tau}{m}p_y\omega + \frac{ne}{m}p_x = 0 \\ \frac{ne^2\tau}{m}E_y - \frac{ne\tau}{m}p_x\omega + \frac{ne}{m}p_y = 0 \end{cases}.$$

Ricordando la (28.2.3) si arriva a

$$\begin{cases} \sigma E_x + \frac{ne\tau}{m}p_y\omega + \frac{ne}{m}p_x = 0 \\ \sigma E_y - \frac{ne\tau}{m}p_x\omega + \frac{ne}{m}p_y = 0 \end{cases}$$

o

$$\begin{cases} \sigma E_x = \tau \omega J_y - J_x \\ \sigma E_y = -\tau \omega J_x + J_y \end{cases}.$$

Dopo che le cariche si sono accumulate lungo l'asse ortogonale a quello delle x, a causa dell'effetto Hall, il termine J_y è nullo, quindi

$$E_y = -\frac{\tau \omega}{\sigma} J_x = -\frac{\tau e B}{mc\sigma} J_x.$$

Possiamo definire la resistenza di Hall

$$R_H = \frac{E_y}{B J_x}$$

e quindi

$$R_H = -\frac{e\tau}{mc\sigma} = -\frac{1}{nec}.$$

Questo modello non si adatta molto bene ai risultati sperimentali e per piccoli campi magnetici B c'è un discostamento maggiore dei risultati dalla formula.

28.4 Conducibilità termica

Possiamo collegare la densità di corrente di energia termica con il gradiente di temperatura tramite una costante detta

28.4 Conducibilità termica

conducibilità termica in questo modo

$$\vec{J}^T = -\mathcal{K}_x \vec{\nabla} T.$$

Restringendoci al solo asse delle ascisse possiamo scrivere

$$J_x^T = -\mathcal{K}_x \frac{dT}{dx}.$$

Si può adattare il modello di Drude anche al trasporto termico. La densità di corrente di energia termica J_x^T si può scrivere

$$J_x^T = n_e E_T v_x,$$

con E_T energia termica e n_e densità elettronica. Questa relazione, esplicitando la dipendenza dell'energia dalla temperatura e di quest'ultima dalla posizione, diventa

$$J_x^T = \frac{1}{2} n_e v_x \Big(E_T \left(T(x - v_x \tau) \right)$$

$$- E_T \left(T(x + v_x \tau) \right) \Big),$$

quindi

$$J_x^T = \frac{1}{2} n_e v_x \frac{dE_T}{dT} \frac{dT}{dx} (-2 v_x \tau)$$

$$= -v_x^2 n_e \tau \frac{dE_T}{dT}\frac{dT}{dx}. \qquad (28.4.1)$$

Il calore specifico del sistema di N particelle, per unità di volume, in questo caso è

$$c_V = \frac{N}{V}\frac{dE_T}{dT} = n_e \frac{dE_T}{dT},$$

dunque la (28.4.1) diventa

$$J_x^T = -v_x^2 \tau c_V \frac{dT}{dx},$$

oppure

$$J_x^T = -\mathcal{K}_x \frac{dT}{dx},$$

con

$$\mathcal{K}_x = v_x^2 \tau c_V,$$

detto coefficiente di conducibilità termica. In tre dimensioni l'equazione assume la forma

$$\vec{J}^T = -\mathcal{K}_x \vec{\nabla} T.$$

28.5 Effetto Seebeck

L'effetto Seebeck riguarda la formazione di un campo elettrico a causa del trasporto del calore da parte degli elettroni. Il campo elettrico è dato da

$$\vec{E} = K_S \vec{\nabla} T,$$

con K_S coefficiente di Seebeck. Il modello di Drude fornisce in questo caso

$$K_S \simeq -\frac{k_B}{2e},$$

con k_B costante di Boltzmann, che è due ordini di grandezza più piccolo del risultato sperimentale.

Capitolo 29

Modello di Sommerfeld

29.1 Trattazione quantistica

Sempre sotto l'ipotesi di elettroni liberi e indipendenti si introduce ora una trattazione quantistica, risolvendo l'equazione di Schrödinger stazionaria

$$-\frac{\hbar^2}{2m}\nabla^2\psi(\vec{r}) = \varepsilon\psi(\vec{r}),$$

considerando un confinamento delle particelle in una scatola quadrata di volume $V = L^3$, si arriva a

$$\psi(\vec{r}) = \frac{1}{\sqrt{V}} e^{i\vec{k}\cdot\vec{r}}, \qquad \varepsilon = \frac{\hbar^2 k^2}{2m}. \qquad (29.1.1)$$

Imponendo le condizioni al contorno di Born-Von Karman, ovvero

$$\psi(x+L, y, z) = \psi(x, y, z),$$

$$\psi(x, y+L, z) = \psi(x, y, z),$$

$$\psi(x, y, z+L) = \psi(x, y, z),$$

si ottengono le seguenti quantizzazioni delle componenti del vettore d'onda

$$k_i = \frac{2\pi}{L} n_i, \quad i = x, y, z.$$

Dunque nello stato fondamentale a $T = 0$ gli elettroni si disporranno, nello spazio dei vettori d'onda, occupando stati via via con k maggiore. I primi due elettroni si collocheranno nell'origine e via di seguito, massimo due elettroni per ogni stato, in accordo con il principio di esclusione di Pauli, essendo fermioni. Dunque molti elettroni, dell'ordine del numero di Avogadro, formeranno una sfera nello spazio dei vettori d'onda. Questa sfera è detta sfera di Fermi e il $\vec{k}$ massimo che la individua si dice vettore d'onda di Fermi e si indica con $\vec{k}_F$. L'energia di Fermi viene definita, in modo naturale, come

$$\varepsilon_F := \frac{\hbar^2 k_F^2}{2m} \tag{29.1.2}$$

29.2 Calcolo dell'energia interna

Nello spazio dei vettori d'onda il volume occupato da un vettore $\vec{k}$, ovvero $\Delta \vec{k}$, è

$$\Delta^3 k = \left(\frac{2\pi}{L}\right)^3 = \frac{8\pi^3}{V}. \tag{29.2.1}$$

L'energia interna U del gas di elettroni si può scrivere formalmente come

$$U = 2\sum_{\vec{k}} \varepsilon(\vec{k}) = \sum_{\vec{k}} \frac{\hbar^2 k^2}{m},$$

essendoci due elettroni per ogni livello di energia. L'energia interna per unità di volume è

$$u := \frac{U}{V} = \frac{\hbar^2}{mV} \sum_{\vec{k}} k^2.$$

Quest'ultima può essere scritta, usando la (29.2.1), come

$$u = \frac{\hbar^2}{mV} \sum_{\vec{k}} k^2 \frac{\Delta^3 k}{\Delta^3 k} = \frac{\hbar^2}{8\pi^3 m} \sum_{\vec{k}} k^2 \Delta^3 k$$

Se $\Delta^3 k$ è molto piccolo si può passare dalla sommatoria all'integrale con

$$\Delta^3 k \to d^3 k,$$

ottenendo

$$u = \frac{\hbar^2}{8\pi^3 m} \int_{\vec{k}} k^2 d^3 k,$$

passando alle coordinate sferiche, con

$$d^3 k = k^2 \, dk \, d\Omega = k^2 \sin\theta \, d\theta \, d\phi \, dk,$$

29.2 Calcolo dell'energia interna

si ha

$$u = \frac{\hbar^2}{8\pi^3 m} \int_0^{2\pi} d\phi \int_0^{\pi} \sin\theta \, d\theta \int_0^{k_F} k^4 \, dk = \frac{\hbar^2}{2\pi^2 m} \frac{k_F^5}{5},$$

dove k_F è il modulo del vettore d'onda di Fermi. Usando l'energia di Fermi (29.1.2), l'energia interna per unità di volume diventa

$$u = \frac{\varepsilon_F k_F^3}{5\pi^2}.$$

L'energia media per elettrone è

$$E := \frac{U}{N} = \frac{U}{V}\frac{V}{N} = \frac{u}{n},$$

dove N è il numero totale di elettroni e n la densità di elettroni definita da

$$n := \frac{N}{V}.$$

Notiamo intanto che il numero di stati nello spazio dei vettori d'onda si ottiene dividendo il volume della sfera di Fermi per il volume occupato da uno stato, (29.2.1),

$$\frac{4}{3}\pi k_F^3 \frac{V}{8\pi^3} = \frac{V k_F^3}{6\pi^2},$$

essendoci due elettroni per ogni stato si giunge a

$$N = \frac{Vk_F^3}{3\pi^2}$$

e dunque la densità di elettroni è

$$n = \frac{N}{V} = \frac{k_F^3}{3\pi^2}. \qquad (29.2.2)$$

L'energia media per elettrone diventa, infine,

$$E = \frac{u}{n} = \frac{\varepsilon_F k_F^3}{5\pi^2}\frac{3\pi^2}{k_F^3} = \frac{3}{5}\varepsilon_F.$$

Nel caso in cui la temperatura fosse diversa da zero, l'energia interna si scrive

$$U = 2\sum_{\vec{k}} \varepsilon(\vec{k}) f(\varepsilon(\vec{k}), T),$$

dove $f(\varepsilon, T)$ è la funzione di distribuzione di Fermi-Dirac

$$f(\varepsilon, T) = \frac{1}{1 + e^{\frac{\varepsilon - \mu}{k_B T}}}, \qquad (29.2.3)$$

29.2 Calcolo dell'energia interna

con μ potenziale chimico e k_B costante di Boltzmann. Analogamente al caso $T = 0$ possiamo scrivere

$$\begin{aligned} u &= \frac{2}{V} \sum_{\vec{k}} \varepsilon(\vec{k}) f(\varepsilon(\vec{k}), T) \frac{\Delta^3 k}{\Delta^3 k} \\ &= \frac{1}{4\pi^3} \sum_{\vec{k}} \varepsilon(\vec{k}) f(\varepsilon(\vec{k}), T) \Delta^3 k, \end{aligned}$$

passando all'integrale in modo simile a come fatto in precedenza

$$\begin{aligned} u &= \frac{1}{4\pi^3} \int_{\vec{k}} \varepsilon(\vec{k}) f(\varepsilon(\vec{k}), T) \, d^3 k \\ &= \frac{1}{\pi^2} \int_0^\infty \varepsilon(k) f(\varepsilon(k), T) k^2 \, dk, \end{aligned}$$

avendo usato, in coordinate sferiche,

$$d^3 k = k^2 \, dk \, d\Omega = k^2 \sin\theta \, d\theta \, d\phi \, dk.$$

Dalla (29.1.1) si ottengono

$$d\varepsilon = \frac{\hbar^2}{m} k \, dk, \qquad k = \sqrt{\frac{2m\varepsilon}{\hbar^2}}$$

e l'integrale diventa

$$u = \frac{1}{\pi^2}\int_0^\infty \varepsilon f(\varepsilon,T)\frac{m}{\hbar^3}\sqrt{2m\varepsilon}\,d\varepsilon.$$

Si definisce densità degli stati la funzione $g(\varepsilon)$ tale che

$$u = \int_0^\infty \varepsilon f(\varepsilon,T) g(\varepsilon)\,d\varepsilon,$$

dunque

$$g(\varepsilon) := \frac{m}{\pi^2 \hbar^3}\sqrt{2m\varepsilon}. \qquad (29.2.4)$$

Dall'energia di Fermi (29.1.2)

$$\frac{m}{\hbar^2} = \frac{k_F^2}{2\varepsilon_F}$$

e la densità degli stati diventa

$$g(\varepsilon) = \frac{m}{\pi^2 \hbar^3}\sqrt{2m\varepsilon} = \frac{1}{\pi^2}\frac{m}{\hbar^2}\sqrt{2\varepsilon\frac{m}{\hbar^2}}$$

$$= \frac{1}{\pi^2}\frac{k_F^3}{2\varepsilon_F}\sqrt{\frac{\varepsilon}{\varepsilon_F}},$$

ricordando la (29.2.2)

$$g(\varepsilon) = \frac{3}{2\varepsilon_F} \frac{k_F^3}{3\pi^2} \sqrt{\frac{\varepsilon}{\varepsilon_F}} = \frac{3}{2} \frac{n}{\varepsilon_F} \sqrt{\frac{\varepsilon}{\varepsilon_F}}$$

e

$$g(\varepsilon_F) = \frac{3}{2} \frac{n}{\varepsilon_F}. \qquad (29.2.5)$$

29.3 Sviluppo in serie di Sommerfeld

Nel caso in cui

$$\varepsilon_F \gg k_B T,$$

si ha

$$\varepsilon_F \approx \mu$$

e vale, per una funzione $A(\varepsilon)$, lo sviluppo in serie, detto di Sommerfeld,

$$\int_0^\infty A(\varepsilon) f(\varepsilon, T) d\varepsilon \simeq \int_0^\mu A(\varepsilon) d\varepsilon + \frac{\pi^2}{6} (k_B T)^2 \frac{dA}{d\varepsilon}\bigg|_\mu + \mathcal{O}\left(\frac{k_B T}{\mu}\right)^4,$$

dove $f(\varepsilon, T)$ è la funzione di distribuzione di Fermi-Dirac (29.2.3). Troncando al primo ordine e sapendo che $\varepsilon_F \approx \mu$, si può scrivere

$$\int_0^\infty A(\varepsilon)f(\varepsilon,T)\,d\varepsilon \simeq \int_0^\mu A(\varepsilon)\,d\varepsilon + \frac{\pi^2}{6}(k_BT)^2 \frac{dA}{d\varepsilon}\bigg|_\mu$$

$$= \int_0^{\varepsilon_F} A(\varepsilon)\,d\varepsilon + \int_{\varepsilon_F}^\mu A(\varepsilon)\,d\varepsilon$$

$$+ \frac{\pi^2}{6}(k_BT)^2 A'(\mu)$$

$$\simeq \int_0^{\varepsilon_F} A(\varepsilon)\,d\varepsilon + (\mu - \varepsilon_F)A(\varepsilon_F)$$

$$+ \frac{\pi^2}{6}(k_BT)^2 A'(\varepsilon_F). \qquad (29.3.1)$$

Gli integrali da calcolare sono

$$n = \int_0^\infty f(\varepsilon,T)g(\varepsilon)\,d\varepsilon$$

e

$$u = \int_0^\infty \varepsilon f(\varepsilon,T)g(\varepsilon)\,d\varepsilon, \qquad (29.3.2)$$

29.3 Sviluppo in serie di Sommerfeld

Per il primo caso, ponendo $A(\varepsilon) = g(\varepsilon)$ nella (29.3.1), si ottiene

$$\begin{aligned}
n &= \int_0^\infty f(\varepsilon,T)g(\varepsilon)\,d\varepsilon \\
&= \int_0^{\varepsilon_F} g(\varepsilon)\,d\varepsilon + (\mu - \varepsilon_F)g(\varepsilon_F) \\
&\quad + \frac{\pi^2}{6}(k_B T)^2 g'(\varepsilon_F),
\end{aligned}$$

la derivata $g'(\varepsilon)$ è

$$g'(\varepsilon) = \frac{3}{2}\frac{n}{\varepsilon_F}\sqrt{\frac{1}{\varepsilon_F}}\frac{1}{2\varepsilon}$$

e si ha

$$g'(\varepsilon_F) = \frac{3}{4}\frac{n}{\varepsilon_F^2}\sqrt{\frac{1}{\varepsilon_F}},$$

inoltre

$$\int_0^{\varepsilon_F} g(\varepsilon)\,d\varepsilon = n,$$

infatti la densità è la stessa, quindi

$$(\mu - \varepsilon_F)g(\varepsilon_F) + \frac{\pi^2}{6}(k_B T)^2 g'(\varepsilon_F) = 0, \qquad (29.3.3)$$

$$\mu = \varepsilon_F - \frac{\pi^2}{6}(k_B T)^2 \frac{g'(\varepsilon_F)}{g(\varepsilon_F)}.$$

Ricordando la (29.2.5) si può scrivere

$$\frac{g'(\varepsilon_F)}{g(\varepsilon_F)} = \frac{1}{2\varepsilon_F}$$

da cui

$$\mu = \varepsilon_F - \frac{\pi^2}{12\varepsilon_F}(k_B T)^2,$$

o anche

$$\mu = \varepsilon_F \left(1 - \frac{1}{3}\left(\frac{\pi k_B T}{2\varepsilon_F}\right)^2\right).$$

29.3 Sviluppo in serie di Sommerfeld

Per il secondo caso, ovvero il calcolo della (29.3.2), ponendo $A(\varepsilon) = \varepsilon g(\varepsilon)$ nella (29.3.1), si ottiene

$$\begin{aligned}
u &= \int_0^\infty \varepsilon f(\varepsilon,T) g(\varepsilon) \, d\varepsilon \\
&= \int_0^{\varepsilon_F} \varepsilon g(\varepsilon) \, d\varepsilon + (\mu - \varepsilon_F)\varepsilon_F g(\varepsilon_F) \\
&+ \frac{\pi^2}{6}(k_B T)^2 \left(g'(\varepsilon_F)\varepsilon_F + g(\varepsilon_F) \right) \\
&= u_0 + \frac{\pi^2}{6}(k_B T)^2 g(\varepsilon_F) \\
&+ \varepsilon_F \Big((\mu - \varepsilon_F) g(\varepsilon_F) \\
&+ \frac{\pi^2}{6}(k_B T)^2 g'(\varepsilon_F) \Big).
\end{aligned}$$

Dalla (29.3.3) si vede che l'ultimo termine tra parentesi è nullo, quindi

$$u(T) = u_0 + \frac{\pi^2}{6}(k_B T)^2 g(\varepsilon_F)$$

e, usando la (29.2.5), si ottiene l'energia interna per unità di volume

$$u(T) = u_0 + \frac{\pi^2 n}{4\varepsilon_F}(k_B T)^2.$$

Il calore specifico per unità di volume è

$$c_V = \frac{\partial u}{\partial T} = \frac{\pi^2 n}{2\varepsilon_F}(k_B)^2 T = \frac{\pi^2}{2}\frac{k_B T}{\varepsilon_F}nK_B.$$

Dunque il contributo degli elettroni al calore specifico di un metallo (contributo prettamente quantistico) è lineare nella temperatura. Sperimentalmente si verifica che per un metallo

$$c_V = AT + BT^3,$$

dove A, B sono coefficienti. Il calore specifico portato dal gas di elettroni è dominante a basse temperature, mentre quello rimanente, dato dalle vibrazioni reticolari, domina a temperatura ambiente o alte temperature.

Capitolo 30

Proprietà meccaniche dei solidi

30.1 Introduzione

In generale un solido sottoposto ad una sollecitazione si può deformare. Queste deformazioni possono essere permanenti oppure momentanee a seconda dell'intensità della sollecitazione. Le deformazioni elastiche sono quelle per cui il solido torna alla sua grandezza originaria al cessare della sollecitazione e in genere seguono la legge di Hooke. In genere in un materiale si ha prima una fase elastica, poi una fase plastica in cui non vi è ritorno alle dimensioni originarie al cessare della forza e, superata questa fase, vi è la rottura del materiale.

30.2 Modulo di Young

In regime elastico un corpo che subisce una compressione o una trazione tende ad accorciarsi o allungarsi. Il modulo di Young tiene conto del rapporto tra lo sforzo σ, detto stress, (dimensionalmente una forza su superficie) applicato e la deformazione $\frac{\Delta l}{l}$ che ne consegue, detta strain. In formule

$$E = \frac{\sigma}{\Delta l/l}.$$

30.3 Modulo di comprimibilità

Analogamente si definisce modulo di comprimibilità il seguente

$$E = \frac{\sigma}{\Delta V/V},$$

ovvero il rapporto tra la pressione applicata ad un materiale e la deformazione del suo volume.

30.4 Coefficiente di Poisson

Se un corpo è sottoposto ad una trazione o a una compressione oltre ad un variazione della lunghezza lungo la direzione

30.4 Coefficiente di Poisson

della sollecitazione si osserva anche una variazione delle dimensioni trasversali. Ad esempio per un cilindro di raggio di base R e altezza L si può scrivere

$$\frac{\Delta R}{R} = -\nu \frac{\Delta L}{L},$$

con ν detto coefficiente di Poisson.

Capitolo 31

Difetti reticolari

31.1 Introduzione

I difetti giocano un ruolo fondamentale nei cristalli. Essi possono essere di tre tipi, puntiformi, di linea o di superficie. Se si applica una forza non costante si può conferire mobilità ai difetti e questi possono interferire tra di loro a tal punto da far cessare la mobilità. In questo caso il materiale acquista più rigidità e il regime plastico si restringe, il materiale diventa più fragile. Alcuni difetti possono essere ridotti scaldando il materiale.

31.2 Difetti puntiformi

I difetti puntiformi si dividono in vacanze e interstiziali. I primi indicano la mancanza di uno ione in un sito reticolare, mentre i secondi indicano la presenza in eccesso di uno ione in posizione interstiziale. Si può stimare il numero di vacanze, dette anche difetti di Schottky, in un cristallo all'equilibrio termodinamico. L'energia libera di Gibbs si scrive

$$G = U - TS + PV,$$

sia $(N+n)$ il numero totale di punti reticolari, con N numero di ioni realmente presenti e n numero delle vacanze, con $n \ll N$. Ci sono

$$\frac{(N+n)!}{n!N!}$$

modi di scegliere le n vacanze in $(N+n)$ siti reticolari, va aggiunto pertanto all'entropia il termine

$$S_1 = k_B \ln\left(\frac{(N+n)!}{n!N!}\right).$$

31.2 Difetti puntiformi

L'energia libera di Gibbs diventa

$$G(n) = (U - TS) - Tk_B \ln\left(\frac{(N+n)!}{n!N!}\right)$$

$$+ P(N+n)V_0,$$

dove V_0 è il volume che occupa uno ione di un sito reticolare, inoltre

$$\frac{\partial G(n)}{\partial n} = \frac{\partial (U - TS)}{\partial n}$$

$$-Tk_B \frac{\partial}{\partial n} \ln\left(\frac{(N+n)!}{n!N!}\right) + PV_0.$$

Usando la formula di Stirling per grandi n

$$n! \sim \sqrt{2\pi n}\,\frac{n^n}{e^n},$$

o

$$\ln n! \sim (\ln n - 1)n,$$

si ottiene

$$\frac{\partial}{\partial n} \ln\left(\frac{(N+n)!}{n!N!}\right) \simeq \ln\left(\frac{N}{n}\right),$$

quindi

$$\frac{\partial G(n)}{\partial n} \simeq \frac{\partial (U - TS)}{\partial n} + PV_0$$

$$-Tk_B \ln\left(\frac{N}{n}\right).$$

Essendo $n \ll N$ si può scrivere

$$\frac{\partial(U-TS)}{\partial n} \simeq \left(\frac{\partial(U-TS)}{\partial n}\right)\bigg|_{n=0} = \varepsilon$$

da cui

$$\frac{\partial G(n)}{\partial n} \simeq \varepsilon + PV_0 - Tk_B \ln\left(\frac{N}{n}\right).$$

Ponendo

$$\frac{\partial G(n)}{\partial n} = 0,$$

si ha la soluzione

$$n = Ne^{-\frac{\varepsilon + PV_0}{k_B T}}$$

che minimizza l'energia libera di Gibbs. Il termine ε è con buona approssimazione l'energia necessaria per rimuovere uno ione. Inoltre a pressione atmosferica il temine PV_0 è trascurabile, quindi

$$n \simeq Ne^{-\beta\varepsilon},$$

con
$$\beta = \frac{1}{k_B T}.$$

Se i difetti fossero di due tipi (il numero dei primi indicato con n_+ e il numero dei secondi indicato con n_-), a causa della neutralità di carica che comporta che la carica totale dei difetti sia nulla, si ottiene la seguente formula, simile al caso di un solo tipo,

$$n_+ n_- = N_+ N_- e^{-\beta(\varepsilon_+ + \varepsilon_-)},$$

da cui anche

$$n_+ = n_- = \sqrt{N_+ N_-} e^{-\beta(\varepsilon_+ + \varepsilon_-)/2}.$$

Se c'è un ugual numero di vacanze positive e negative si parla di difetti di Schottky, mentre se c'è lo stesso numero di vacanze e interstiziali dello stesso ione si parla di difetti di Frenkel.

31.3 Centri di colore

Per bilanciare la carica mancante di una vacanza di uno ione negativo un elettrone può spostarsi vicino al punto del difetto. Tale elettrone può essere considerato a tutti gli effetti come un elettrone legato da un centro carico positivamente e dunque presenterà un certo spettro di livelli di energia. Le eccitazioni tra questi livelli sono responsabili del colore che assume il cristallo, infatti può esserci assorbimento della radiazione elettromagnetica. Un elettrone legato ad una lacuna positiva forma un centro di colore detto centro-F. Esistono anche i centri-M e centri-R in cui si hanno rispettivamente due lacune vicine che legano due elettroni oppure tre lacune e tre elettroni, anche se i più abbondanti sono i centri-F.

31.4 Le dislocazioni

I difetti di linea più comuni sono detti dislocazioni, essi sono responsabili in larga parte della deformazione plastica dei solidi. Infatti un modello che si basa su un cristallo perfetto non produce stime adeguate per la deformazione plastica, occorre aggiungere i difetti alla struttura cristallina per ovviare a questo problema. Le dislocazioni più importanti sono quelle a spigolo (edge) e quelle a vite (screw). Scaldando il materiale si può avere uno spostamento delle dislocazioni. Quando una dislocazione in movimento incontra un difetto puntiforme si può interrompere il moto della dislocazione e

31.4 Le dislocazioni

il materiale diventa più duro e più fragile (diminuzione del regime plastico).

Capitolo 32

Semiconduttori

32.1 Semiconduttori intrinseci

I semiconduttori sono caratterizzati da un relativamente piccolo band gap tra la banda di valenza e quella di conduzione. Per effetto della temperatura un elettrone può acquisire l'energia sufficiente (dell'ordine di $k_B T$) e passare in banda di conduzione. I semiconduttori intrinseci sono quelli puri, formati da un solo elemento. Siano n_c e p_v le densità di portatori di carica rispettivamente in banda di conduzione e in banda di valenza. Data la densità degli stati $g(\varepsilon)$ e la funzione di

distribuzione
$$f(\varepsilon) = \frac{1}{e^{\beta(\varepsilon-\mu)}+1},$$

si può scrivere
$$n_c = \int_{E_c}^{+\infty} g_c(\varepsilon)\frac{1}{e^{\beta(\varepsilon-\mu)}+1}\,d\varepsilon,$$

$$p_v = \int_{-\infty}^{E_v} g_v(\varepsilon)\left(1-\frac{1}{e^{\beta(\varepsilon-\mu)}+1}\right)d\varepsilon,$$

da cui
$$p_v = \int_{-\infty}^{E_v} g_v(\varepsilon)\frac{1}{e^{\beta(\mu-\varepsilon)}+1}\,d\varepsilon.$$

Se
$$\beta(\varepsilon_c-\mu) \gg 1, \quad \beta(\mu-\varepsilon_v) \ll 1,$$

le formule precedenti diventano
$$n_c = N_c e^{-\beta(\varepsilon_c-\mu)},$$

$$p_v = P_v e^{-\beta(\mu-\varepsilon_v)},$$

con
$$N_c = \int_{E_c}^{+\infty} g_c(\varepsilon) e^{-\beta(\varepsilon-\varepsilon_c)}\,d\varepsilon,$$

32.1 Semiconduttori intrinseci

$$P_v = \int_{-\infty}^{E_v} g_v(\varepsilon) e^{-\beta(\varepsilon_v - \varepsilon)} \, d\varepsilon.$$

Intanto scriviamo

$$n_c p_v = N_c P_v e^{-\beta(\varepsilon_c - \varepsilon_v)} = N_c P_v e^{-\beta E_g},$$

detta legge dell'azione di massa. Per la conservazione della carica si ha, nel caso intrinseco, $n_c = p_v$, quindi

$$n_c = p_v = \sqrt{N_c P_v} e^{-\beta E_g/2}.$$

In genere la densità degli stati è

$$g_c(\varepsilon) = \frac{1}{\hbar^3 \pi^2} \sqrt{2|\varepsilon - \varepsilon_c| m_{c_{eff}}^3},$$

$$g_v(\varepsilon) = \frac{1}{\hbar^3 \pi^2} \sqrt{2|\varepsilon - \varepsilon_c| m_{v_{eff}}^3},$$

da cui si hanno

$$N_c = \frac{1}{4} \left(\frac{2 m_{c_{eff}} k_B T}{\pi \hbar^2} \right)^{3/2},$$

$$P_v = \frac{1}{4} \left(\frac{2 m_{v_{eff}} k_B T}{\pi \hbar^2} \right)^{3/2}.$$

32.2 Semiconduttori estrinseci

Nel caso di semiconduttori estrinseci si ha un aggiunta di portatori di carica con l'aggiunta di impurità, si parla di drogaggio del materiale. Per essi vale

$$n_c - p_v = \Delta n \neq 0$$

e si può definire

$$n_i = \sqrt{n_c p_v}.$$

Siano N_d la densità di donori e N_a la densità degli accettori. L'occupazione media per un livello ε_d aggiunto dalle impurezze donori è

$$\begin{aligned}\langle n_d \rangle &= \frac{\sum_j N_j e^{-\beta(E_j - \mu N_j)}}{\sum_j e^{-\beta(E_j - \mu N_j)}} \\ &\simeq \frac{1}{\frac{1}{2}e^{E_d - \mu} + 1},\end{aligned}$$

mentre per gli accettori

$$\langle n_a \rangle \simeq \frac{1}{\frac{1}{2}e^{\mu - \varepsilon_a} + 1}.$$

32.2 Semiconduttori estrinseci

Dunque la densità dei portatori di carica donori è

$$n_d = \frac{N_d}{\frac{1}{2}e^{E_d-\mu}+1},$$

mentre quella dei portatori accettori è

$$p_v = \frac{N_a}{\frac{1}{2}e^{\mu-\varepsilon_a}+1}.$$